科學少年學習誌

編著／科學少年編輯部

科學閱讀素養
生物篇 7

《科學閱讀素養生物篇：革龜，沒有硬殼的海龜》
新編增訂版

遠流

科學閱讀素養 生物篇 7　目錄

課程連結表

文章主題	文章特色	搭配108課綱（第四學習階段 —— 國中）	
		學習主題	學習內容
用耳朵看世界——蝙蝠	介紹蝙蝠的構造與特性，以及超音波定位系統。此外，也簡介人類應用超音波的仿生學，還有獵物如何因應蝙蝠的對策。	演化與延續（G）：生物多樣性（Gc）	Gc-Ⅳ-1 依據生物形態與構造的特徵，可以將生物分類。 Gc-Ⅳ-2 地球上有形形色色的生物，在生態系中擔任不同的角色，發揮不同的功能，有助於維持生態系的穩定。
		生物與環境（L）：生物與環境的交互作用（Lb）	Lb-Ⅳ-2 人類活動會改變環境，也可能影響其他生物的生存。 Lb-Ⅳ-3 人類可採取行動來維持生物的生存環境，使生物能在自然環境中生長、繁殖、交互作用，以維持生態平衡。
		自然界的現象與交互作用（K）：波動、光及聲音（Ka）	Ka-Ⅳ-4 聲波會反射，可以做為測量、傳播等用途。 Ka-Ⅳ-5 耳朵可以分辨不同的聲音，例如：大小、高低和音色，但人耳聽不到超音波。
沒有硬殼的海龜——革龜	介紹革龜這種不具備硬殼的海龜，並介紹其特殊能力與生殖習性，以及臺灣海域中常見的其他種海龜。	演化與延續（G）：生物多樣性（Gc）	Gc-Ⅳ-2 地球上有形形色色的生物，在生態系中擔任不同的角色，發揮不同的功能，有助於維持生態系的穩定。
		生物與環境（L）：生物與環境的交互作用（Lb）	Lb-Ⅳ-2 人類活動會改變環境，也可能影響其他生物的生存。 Lb-Ⅳ-3 人類可採取行動來維持生物的生存環境，使生物能在自然環境中生長、繁殖、交互作用，以維持生態平衡。
		科學、科技、社會及人文（M）：科學、技術及社會的互動關係（Ma）	Ma-Ⅳ-2 保育工作不是只有科學家能夠處理，所有的公民都有權利及義務，共同研究、監控及維護生物多樣性。
七手八腳的建築師——蜘蛛	介紹蜘蛛的特徵，以及蜘蛛搭建出的各種蛛網，並說明蜘蛛絲除了捕獵之外的功能，與人類對於蛛絲仿生科學應用的期待。	生物體的構造與功能（D）：動植物體的構造與功能（Db）；生物體內的恆定性與調節（Dc）	Db-Ⅳ-5 動植物體適應環境的構造常成為人類發展各種精密儀器的參考。 Dc-Ⅳ-5 生物體能覺察外界環境變化、採取適當的反應以使體內環境維持恆定，這些現象常以觀察或改變自變項的方式來探討。
		演化與延續（G）：生物多樣性（Gc）	Gc-Ⅳ-1 依據生物形態與構造的特徵，可以將生物分類。
		科學、科技、社會及人文（M）：科學在生活中的應用（Mc）	Mc-Ⅳ-2 運用生物體的構造與功能，可改善人類生活。
飄洋過海的「垃圾訊息」	透過淨灘活動的歷史，進而介紹收集的垃圾中所透露出的各種訊息，並說明這些垃圾為生態帶來的各種影響，及如何減少垃圾。	生物與環境（L）：生物與環境的交互作用（Lb）	Lb-Ⅳ-2 人類活動會改變環境，也可能影響其他生物的生存。 Lb-Ⅳ-3 人類可採取行動來維持生物的生存環境，使生物能在自然環境中生長、繁殖、交互作用，以維持生態平衡。
		科學、科技、社會及人文（M）：科學、技術及社會的互動關係（Ma）；環境汙染與防治（Me）	Ma-Ⅳ-2 保育工作不是只有科學家能夠處理，所有的公民都有權利及義務，共同研究、監控及維護生物多樣性。 Me-Ⅳ-6 環境汙染物與生物放大的關係。
		資源與永續發展（N）：永續發展與資源的利用（Na）	Na-Ⅳ-3 環境品質繫於資源的永續利用與維持生態平衡。 Na-Ⅳ-4 資源回收的5R：減量、拒絕、重複使用、回收及再生。 Na-Ⅳ-5 各種廢棄物對環境的影響，環境的承載能力及處理方法。 Na-Ⅳ-6 人類社會的發展必須建立在保護地球環境的基礎上。 Na-Ⅳ-7 為使地球永續發展，可以從減量、回收、再利用、綠能等做起。
找回翱翔的老鷹	介紹臺灣曾經普遍常見的老鷹——黑鳶，分析牠們為何數目銳減，並說明牠們在生態系中的重要性，及如何解救牠們。	生物與環境（L）：生物與環境的交互作用（Lb）	Lb-Ⅳ-1 隨著生物間、生物與環境間的交互作用，生態系的交互作用，生態系中的結構會隨時間改變，形成演替現象。 Lb-Ⅳ-2 人類活動會改變環境，也可能影響其他生物的生存。 Lb-Ⅳ-3 人類可採取行動來維持生物的生存環境，使生物能在自然環境中生長、繁殖、交互作用，以維持生態平衡。
		科學、科技、社會及人文（M）：科學、技術及社會的互動關係（Ma）；環境汙染與防治（Me）	Ma-Ⅳ-2 保育工作不是只有科學家能夠處理，所有的公民都有權利及義務，共同研究、監控及維護生物多樣性。 Me-Ⅳ-6 環境汙染物與生物放大的關係。
遺傳學之父——孟德爾	介紹孟德爾的生平故事，他的求學過程儘管不算順遂，但成長過程中所接觸的知識，都成了他嚴謹的遺傳實驗的基石。	科學、科技、社會及人文（M）：科學發展的歷史（Mb）	Mb-Ⅳ-2 科學史上重要發現的過程，以及不同性別、背景、族群者於其中的貢獻。
		生物體的構造與功能（D）：動植物體的構造與功能（Db）	Db-Ⅳ-7 花的構造中，雄蕊的花藥可產生花粉粒，花粉粒內有精細胞；雌蕊的子房內有胚珠，胚珠內有卵細胞。
		演化與延續（G）：生殖與遺傳（Ga）	Ga-Ⅳ-6 孟德爾遺傳研究的科學史。
生理期的煩惱	女孩子的煩惱——生理期，並不是令人害羞的祕密。透過故事中的對話，介紹生理期發生的機制，並提供相關圖解。	生物體的構造與功能（D）：動植物體的構造與功能（Db）；生物體內的恆定性與調節（Dc）	Db-Ⅳ-4 生殖系統（以人體為例）能產生配子進行有性生殖，並且有分泌激素的功能。 Dc-Ⅳ-2 人體的內分泌系統能調節代謝作用，維持體內物質的恆定。
		演化與延續（G）：生殖與遺傳（Ga）	Ga-Ⅳ-1 生物的生殖可分為有性生殖與無性生殖，有性生殖產生的子代其性狀和親代差異較大。 Ga-Ⅳ-2 人類的性別主要由性染色體決定。

如何閱讀本書？

每一本《科學少年學習誌》的內容都含括兩大部分，一是選自《科學少年》雜誌的篇章，專為 9～14 歲讀者寫作，也很合適一般大眾閱讀，是自主學習的優良入門書；二是邀請第一線自然科教師設計的「學習單」，讓篇章內容與課程學習連結，並附上符合 108 課綱出題精神的測驗，引導學生進行思考，也方便教師授課使用。

108 課綱「課程連結表」

逐篇標示對應的學習主題、內容與文章特色。讀者可依學校進度閱讀並練習，補充相關的課外知識。

隨選隨讀！

每一本《科學閱讀素養》內都有多篇文章，每篇各自獨立，不需按順序閱讀。讀者可依個人情況規劃合適的進度，也可憑喜好或學習歷程挑選文章閱讀，從平日開始培養科學素養。

遺傳學之父 孟德爾

孟德爾（Gregor Mendel）發現豌豆特殊的遺傳具有規則，並把遺傳因子的概念引進生物學，但這項研究在他過世十幾年後才受到重視。從此，遺傳學進入了孟德爾時代。

圖文／水精靈

主文為先

每一篇文章視主題大小寫作，或長或短。文章多由讀者有感的經驗或角度切入，並搭配大幅照片或圖片，讓讀者更容易進入。

資料來源：Waki, Sarah. "Johann Gregor Mendel（1822–1884）." Embryo Project Encyclopedia（2022-01-13）. ISSN: 1940-5030 http://embryo.asu.edu/handle/10776/13315.

獨立文字塊

提供更深入的內容，形式不一，可進一步探索主題。

說明圖

較難或複雜的內容，會佐以插圖做進一步說明。

學習評量

每篇文章最後附上專屬學習單，作為閱讀理解的評估，並延伸讀者的思考與學習。

挑戰閱讀王

符合 108 課綱出題精神的題組練習測驗。

主題導覽

以短文重述文章內容精華，協助抓取學習重點。

關鍵字短文

讀懂文章後，從中挑選重要名詞並以短文串連，練習尋找重點與自主表達的能力。

延伸知識與延伸思考

文章內容的延伸與補充，開放式題目提供讀者進行相關概念及議題的思考與研究。

用耳朵看世界 蝙蝠

畫伏夜出的蝙蝠，究竟有什麼特殊本領，
竟能在黑暗中穿梭自如？

撰文／翁嘉文

無論在都市或鄉村，每逢傍晚時分，你是否曾抬頭見到形單影隻、或數十隻成群飛過的黑點？那黑點可能不是歸巢的倦鳥，而是正出發覓食的蝙蝠！

蝙蝠雖然會飛翔，但不是鳥類，而是具有「翼膜」的夜行性哺乳類動物。牠們的翼膜上布滿血管，必須隨時保持濕潤，以免血管因乾燥而爆裂，這也是蝙蝠放棄溫暖日光，投向黑夜懷抱的一大原因。

但要在黑夜中來去自如，當然必須具備獨特的本領，其中最為人熟知的就是蝙蝠特有的超音波回聲定位系統。仰賴視覺的人類，怎麼會發現這種新鮮有趣的現象呢？

在 17 世紀末，義大利的解剖學家斯帕蘭扎尼（Lazarro Spallanzani）對蝙蝠與貓頭鷹能在黑夜中飛行感到好奇，於是將牠們帶回實驗室觀察。他發現當室內一片漆黑時，貓頭鷹失去了辨識障礙物的能力，會

頭撞上牆壁，但蝙蝠卻能穿梭於室內特意設置的障礙物之間，絲毫不受影響。他還將失去視覺的蝙蝠野放再捉回，結果卻發現，這些盲眼蝙蝠的肚子裡全都是昆蟲，失去視力似乎不會阻礙牠們獵食，仍能吃得飽飽的。

到了1795年，瑞士醫生喬瑞納（Charles Jurine）試著將蝙蝠的單邊耳朵塞住，結果蝙蝠變得搖搖晃晃，失去方向感，無法正常飛行，也無法順利躲避障礙物。因此他大膽假設：「蝙蝠是用耳朵在看東西」。

然而，喬瑞納的假設與一般常識衝突太大，大多數人都無法接受。不過到了1940年前後，當時仍為美國哈佛大學學生的格里菲斯（Donald R. Griffiths），記錄到蝙蝠飛行時會發出人耳無法辯識的超高頻率聲波，之後又對蝙蝠飛行做了更深入的探討，才揭露蝙蝠利用回聲來定位的能力，牠們真的是用聽覺看世界！

蝙蝠的構造與特性

蝙蝠利用回聲定位時，會先讓喉頭肌肉快速收縮，製造出人耳聽不見的高頻音波，並從嘴部或鼻部發出，當聲波碰觸到物體後會反射，蝙蝠耳朵接收反射的聲波，再轉成神經訊號送至大腦，由腦部進行分類、統整，並搜尋腦中與生物相關的資訊，以達到判斷獵物形狀、方向、距離等目的。

身為能夠飛行的哺乳動物，蝙蝠還擁有其他特色，右圖以馬鐵菊頭蝠為例，介紹蝙蝠身體的結構。

蝙蝠的聽覺非常敏銳，但牠們的視力其實也相當不錯，只是在黑夜中，比起利用視覺，蝙蝠選擇用聽覺當做「眼睛」。

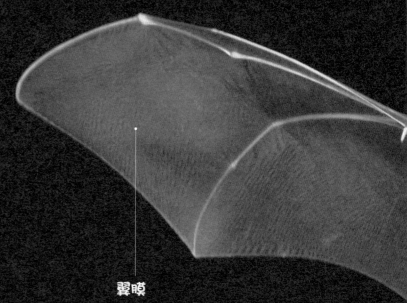

翼膜
趾間、前肢到後肢之間有膜連接，是蝙蝠用來飛行的部位，上頭布滿血管。

不同專長的蝙蝠

事實上，並非所有蝙蝠都仰賴回聲定位飛行、捕食，不同種類蝙蝠的食物也不見得相同，例如：

吸血蝙蝠鼻子上發展出類似蛇類頰窩內的熱源接受器，能夠偵測動物血溫發出的紅外線，以尋找獵物。

食果蝙蝠視覺及嗅覺特別敏銳。

食蛙蝙蝠藉由聽取周遭環境的聲音，例如蛙鳴，來獲得獵物方向及蛙種等資訊，再進行捕食。

食花蜜蝙蝠依賴視覺來尋找食物。

耳朵
蝙蝠耳朵除了有寬大的耳廓，也像人耳一般，有著各式的肉墊屏障。當聲音回傳至耳朵，衝擊這些獨特的突起，可使聲波的波譜改變，讓蝙蝠獲取更多訊息，用來估測目標物的高度。聲音抵達雙耳的差異則可用來判斷目標物的方位。擁有定位能力的蝙蝠，耳蝸構造在頭骨中的比例較大，有助於偵測高頻聲波。

馬鐵菊頭蝠（*Rhinolophus ferrumequinum*）
大型蝙蝠，分布廣泛，從歐洲到亞洲都有蹤跡，主要以昆蟲為食。翅膀展開寬度約 60 公分。

鼻狀葉

蝙蝠可由口或鼻發出超音波，發出的聲波範圍如同甜筒狀的鐘罩體，就像我們的「視野」。一般而言，位在鐘罩體正中間的聲音強度最強，並隨著偏移角度增大而變弱。鐘罩的廣度（鐘罩的角度）及深度（鐘罩的高度），可透過發聲器來改變，好比說將嘴張得愈大，可發出愈大的聲音而傳得愈遠；也可讓聲音強度增加且集中，廣度變小，使方向更精確。

蝙蝠的口中有牙齒。

後肢

翼膜連接到後肢，蝙蝠吊掛時，則是利用後肢上的爪。

利用回聲描繪世界

當蝙蝠發出聲波時，會接收回聲以了解自己所處的環境資訊，然後調整發出的超音波特質，以獲取能使捕食成功的重要情報。

例如，如果發射的超音波反射回來的時間較長，蝙蝠就知道現在是身處在較空曠的地方，離障礙物的距離很遠，導致聽見回聲的時間拉長；相反的，若是在障礙物多的區域，可能會在聲音傳回前，先接收到各式雜音，像是風聲或其他蝙蝠發出的聲音，牠必須從中判讀自己發出的聲音所傳回的回聲。第一次回聲定位的探索相當重要，蝙蝠通常在完成第一次回聲的接收後，才會根據第一次回聲的訊息，發出第二次超音波。

除了回聲的延遲時間，音量、頻率、方位和持續時間等，都是重要的參考指標。回聲會隨著距離增加而變小，就像兩個人距離愈遠，聽見的聲音愈小一樣。如果回聲變小，表示蝙蝠追捕獵物的方向錯了，或可能是偵測到體型較小的獵物。當蝙蝠不斷接近獵物時，回聲頻率就漸漸提高，這時蝙蝠會增加重複發出聲波的次數，以便隨時掌握獵物的

方位與距離。蝙蝠獵食的過程可大致區分為搜尋、逼近及終結三階段。在搜尋階段，蝙蝠發射的超音波頻率範圍較小（例如變化範圍只有 2000 赫茲），持續時間較長，所以固定時間內的次數較少。一旦偵測到獵物，蝙蝠便會針對獵物，開始縮短發射超音波的間隔，提高重複次數，頻率範圍也變得更高更廣（例如 4 萬赫茲），以步步逼近目標。最後，發射超音波的時間會變得更短，發射速度更快，然後倏地一瞬間，聲音完全靜止，獵物已在嘴邊！

不過，縱使蝙蝠有「超音波回聲定位」這項法寶，被追捕的可口獵物也不是省油的燈，很多蛾類演化出可偵測超音波的敏感聽覺，有些甚至能聽見比蝙蝠發出的最高音頻（212kHz）更高的聲波（300kHz）。

這些蛾類具備「蝙蝠偵測耳」，讓蝙蝠的隱形埋伏破了功。當蛾類聽到重複頻率較低的蝙蝠叫聲時，能先行逃跑，因為牠知道獵食者就要出發狩獵了！若重複頻率很高，代表蝙蝠已抵達附近，蛾類就會使出各種飛行特技來混淆蝙蝠。

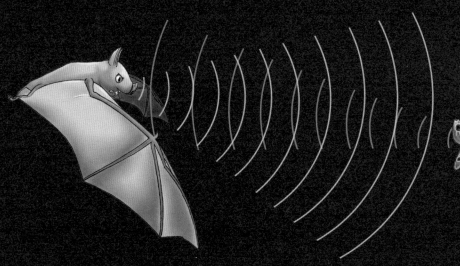

◀蝙蝠會發出獨特的超音波，昆蟲如果反射了蝙蝠發出的超音波，蝙蝠一聽到就能知道昆蟲的位置。

繪圖：羅翔壕

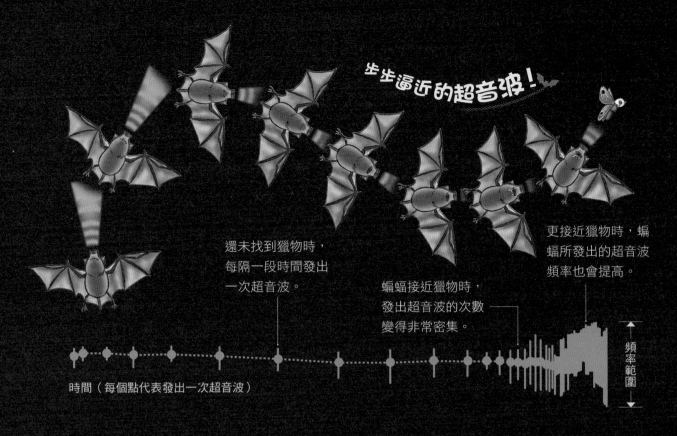

步步逼近的超音波！

還未找到獵物時，
每隔一段時間發出
一次超音波。

蝙蝠接近獵物時，
發出超音波的次數
變得非常密集。

更接近獵物時，蝙
蝠所發出的超音波
頻率也會提高。

頻率範圍

時間（每個點代表發出一次超音波）

蝙蝠的獵物們能耐可不只如此，例如虎蛾，除了聽得見蝙蝠的超音波，後胸還特化出一對鼓室，能以超音波回敬敵方，干擾蝙蝠的回聲定位系統；此外也可釋出自己很難吃的假訊息，欺騙蝙蝠。

另外，鷹蛾也具有與蝙蝠相匹敵的能力！鷹蛾透過觸角接收蝙蝠的聲波刺激後，可產生高音頻的超音波。目前科學家對於鷹蛾以超音波對抗蝙蝠的機制仍不清楚，但推測牠們可能透過發出高頻聲波，達到嚇阻、模擬、警告、干擾等作用。

無論如何，生存遊戲你來我往，單方面的演化已不足以攻潰敵軍，唯有知己知彼不斷推出新的攻防策略，才能從爭鬥之中存活下來。這場演化軍備競賽，精采可期！ 科

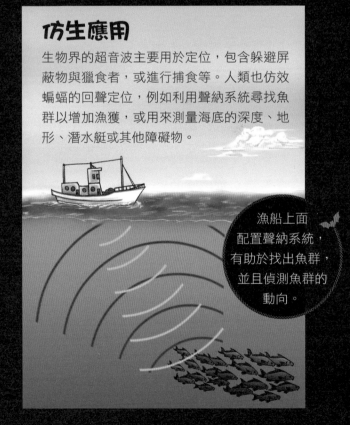

仿生應用

生物界的超音波主要用於定位，包含躲避屏蔽物與獵食者，或進行捕食等。人類也仿效蝙蝠的回聲定位，例如利用聲納系統尋找魚群以增加漁獲，或用來測量海底的深度、地形、潛水艇或其他障礙物。

漁船上面
配置聲納系統，
有助於找出魚群，
並且偵測魚群的
動向。

作者簡介

翁嘉文 畢業於臺大動物學研究所，並擔任網路科普社團插畫家。喜歡動物，喜歡海；喜歡將知識簡單化，卻喜歡生物的複雜；用心觀察世界的奧祕，朝科普作家與畫家的目標前進。

用耳朵看世界——蝙蝠

國中生物教師　江家豪

主題導覽

蝙蝠是唯一會飛行的哺乳類動物，就居住在你我的周遭，但因為牠們習慣夜晚才出來活動，常常帶有濃濃的神祕色彩。在東方，由於蝙蝠和「福」字具有諧音，較能為大眾接受，蝙蝠形象經常被雕刻在大小廟宇間；但在西方，蝙蝠卻成了邪惡的象徵，常與各種邪魔、吸血鬼等畫上等號。這種略帶神祕感的動物，除了具有與鳥類截然不同的飛行構造，在夜間活動、掠食及穴居生活等諸多習性上，也都有獨特的演化適應。

〈用耳朵看世界——蝙蝠〉介紹了蝙蝠的外形特徵與生活適應等相關知識。閱讀完文章後，可利用「挑戰閱讀王」來檢測自己對文章的理解程度；「延伸知識」中補充了共演化、超音波、飛行與滑翔等概念的簡單介紹，幫助你更深入了解本篇文章內容！

關鍵字短文

〈用耳朵看世界——蝙蝠〉文章中提到許多重要的字詞，試著列出幾個你認為最重要的關鍵字，並以一小段文字，將這些關鍵字全部串連起來。例如：

關鍵字：1. 蝙蝠　2. 超音波　3. 回聲　4. 耳朵　5. 定位

短文：蝙蝠是唯一會飛的哺乳類動物，習慣在黃昏到夜晚這段期間活動的牠們，主要靠發射高頻的超音波來辨識周邊環境。牠們利用口或鼻發出聲波，聲波遇到物體或牆面後會產生回聲，蝙蝠再用耳朵接收這些回聲，並透過分析回聲的音量、頻率、方位及持續時間等特性，得知周遭環境的樣貌，進而定位，也因此蝙蝠被稱為「用耳朵看世界」的動物。

關鍵字：1.＿＿＿＿＿　2.＿＿＿＿＿　3.＿＿＿＿＿　4.＿＿＿＿＿　5.＿＿＿＿＿

短文：＿＿

＿＿

挑戰閱讀王

閱讀完〈用耳朵看世界——蝙蝠〉後，請你一起來挑戰以下題組。

答對就能得到👍，奪得 10 個以上，閱讀王就是你！加油！

☆蝙蝠是臺灣常見的動物，請根據文章中對蝙蝠的描述回答下列問題：

（　）1. 蝙蝠在夜間以高頻聲波偵測周遭環境，下列關於蝙蝠超音波的描述何者正確？（答對可得到 1 個👍哦！）

①人也能夠聽得到　②由翅膀高速擺動產生

③用來與其他物種溝通　④可用來得知獵物距離

（　）2. 關於蝙蝠這種獨特的動物，下列描述何者正確？（答對可得到 1 個👍哦！）

①會飛行，因此屬於鳥類　②會哺乳，因此屬於哺乳類

③吃昆蟲，因此屬於爬蟲類　④會產卵，因此屬於鳥類

（　）3. 蝙蝠的飛行構造特殊，下列相關描述何者錯誤？（答對可得到 2 個👍哦！）

①翼膜布滿血管　②翼膜由前肢連接到後肢

③翼膜上布滿羽毛　④翼膜若遭破壞會影響飛行

（　）4. 關於蝙蝠的習性，下列何者正確？（答對可得到 1 個👍哦！）

①都以昆蟲為食　②視力都很差

③都喜歡清晨出來活動　④都會飛行

（　）5. 請參考下列的蝙蝠超音波回聲頻率示意圖，其中每個黑點代表蝙蝠發出的超音波，根據文章所述，甲乙最可能代表什麼？（答對可得到 2 個👍哦！）

甲 ••••••●•••••••••●•••••••••●••••••••••●••●•●••●●●●••• 乙

①甲是蝙蝠，乙是獵物　②甲是雄蝙蝠，乙是雌蝙蝠

③甲是蝙蝠，乙是貓頭鷹　④甲是獵物，乙是蝙蝠

☆臺灣的蝙蝠種類：蝙蝠屬於翼手目，是目前所知唯一能夠飛行的哺乳類動物。臺灣約有 25 種蝙蝠，占了陸域哺乳類動物的三分之一，其中 9 種為臺灣特有種，4 種為特有亞種。在分類上，這 25 種蝙蝠分屬兩個亞目（大翼手亞目與小翼手亞

目）五個科，其中臺灣狐蝠是大翼手亞目中唯一的成員，以果實為食；而小翼手亞目下有另外四個科，分別為蹄鼻蝠科、皺鼻蝠科、葉鼻蝠科及蝙蝠科，均以昆蟲為食。蝙蝠科是種類最多的科，其中的東亞家蝠無論在都市或是鄉村都很常見，是蝙蝠科內分布最廣、也最常見的一種。東亞家蝠常以人類建築物的夾縫為居所，黃昏時出外覓食。每年六月為繁殖期，一胎通常生 2～3 隻小蝙蝠，但往往只有一隻能夠順利存活。

（　　）6.關於臺灣蝙蝠的種類描述，下列何者正確？（答對可得到 1 個 👍 哦！）
　　　　①可分為五個亞目　②種類約有 25 種
　　　　③數量最多的是皺鼻蝠科　④大翼手亞目是唯一胎生的種類

（　　）7.關於東亞家蝠的敘述何者正確？（答對可得到 2 個 👍 哦！）
　　　　①是瀕臨絕種的蝙蝠　②是唯一屬於大翼手亞目的蝙蝠
　　　　③是臺灣最常見的蝙蝠　④是唯一肉食性的蝙蝠

☆臺灣狐蝠：臺灣特有亞種，分類在大翼手亞目，為臺灣唯一的一科一種。臺灣狐蝠是臺灣所有蝙蝠中體型最大的，而且是唯一以果實為食的蝙蝠。牠們棲息在原始闊葉林中，眼睛大且鼻吻長，頸肩部有一圈偏金黃色到乳白色的短毛。最早發現於綠島，後來在東部沿岸與蘭嶼有零星紀錄。近年來，受到人為捕捉及棲地破壞的影響，族群數量銳減，估計僅剩數十隻，已被列為瀕臨絕種動物。近年來的追蹤調查發現，在龜山島、花蓮市及綠島有較為穩定的族群存在。請根據這篇短文內容回答下列相關問題：

（　　）8.關於臺灣狐蝠的特徵，下列描述何者正確？（答對可得到 2 個 👍 哦！）
　　　　①是視力發達的蝙蝠　②是體型最小的蝙蝠
　　　　③是會吸血的蝙蝠　④是不會飛行的蝙蝠

（　　）9.有關臺灣狐蝠的族群分布現況，下列何者正確？（答對可得到 1 個 👍 哦！）
　　　　①已在野外滅絕　②僅存在西部海岸林
　　　　③在龜山島仍有族群存在　④數量過多已危害生態環境

延伸知識

1. **共演化**：當一種生物的性狀和另外一種生物的性狀演化間具有極高的關聯性，便稱這兩種生物間存在著共演化關係。共演化可發生在不同層次的性狀表現，包含微觀的分子，如蛋白質序列；以及較巨觀的外顯性狀，如蜂鳥細長的喙與長管狀的鳥媒花。另外也有不少行為上的共演化，如本文提到蝙蝠用超音波捕食，而虎蛾能回敬以超音波干擾，就是一種共演化關係。

2. **超音波**：一般人耳可聽見的聲音頻率介於 20 ～ 20000Hz，若聲波頻率高於人耳所能接收的 20000Hz，便稱為超音波。許多生物具有利用超音波掠食、溝通的能力，如海豚、蝙蝠。人類也將超音波運用於許多不同領域，例如使用超音波檢查身體組織或胎兒、震碎結石等。

3. **哺乳類**：哺乳類為脊索動物門下的一個綱，最主要的特徵有兩個，一是會分泌乳汁哺育幼兒，二是具有毛髮。蝙蝠具有這兩種特徵，無疑是哺乳綱的成員。

4. **飛行與滑翔**：一般定義的飛行，是指能透過自體結構產生動力而滯空移動，例如鳥類、昆蟲、蝙蝠鼓動翅膀飛行。滑翔則是先從高處躍下，從而利用身體構造延長滯空時間，例如常被誤以為會飛的飛鼠，其實只是利用皮膜來滑翔而已。唯一會飛行的哺乳動物，是本文介紹的蝙蝠。

延伸思考

1. 走訪居住地附近的廟宇，是否有和蝙蝠相關的雕刻或裝飾？象徵什麼意涵呢？

2. 觀察看看居住地的黃昏到夜晚期間，是否有蝙蝠出沒？是哪種蝙蝠呢？

3. 查查看蝙蝠和人類間存在著什麼互動關係？是否有人食用蝙蝠？或蝙蝠是否危害人類？

4. 撇除對蝙蝠的刻板印象，查查看蝙蝠在自然生態中扮演著什麼角色？重要嗎？

5. 試著上網搜尋影片，和家長一起動手製作一個蝙蝠屋，懸掛於適合的地方，並記錄是否有蝙蝠前來居住或使用？

沒有硬殼的海龜 革龜

優游大海的革龜不僅沒有厚重的硬甲，
而且行動一點也不「龜速」，不論游泳或潛水，
都是海龜中的佼佼者！

撰文／翁嘉文

不同於陸地上或溪河邊的陸龜、澤龜與水龜，「海龜」是在海洋中活動的爬行動物。牠們大約早在兩億年前的三疊紀與恐龍一同出現且存活至今，稱牠們為活化石一點都不為過。

海龜最早從淡水龜演化而來，牠的背甲與陸龜、澤龜或水龜的龜殼很不一樣。陸龜的背甲較為粗糙、厚實且結構多是稜角狀，澤龜與水龜的較為平滑，而海龜的背甲又比水龜的更加扁平。最特別的是，為了適應長期在海中生活，海龜並無法將四肢與頭部縮進龜殼中躲避危險，

但增強了頭蓋骨對頭部的保護。這樣一體成形的流線體型，讓牠們更容易在海中前進。此外，海龜的四肢與陸龜也不同。陸龜的四肢為圓柱狀、有如象腿，且具有粗厚鱗片，但海龜的前肢演化成扁平、長度更長。類似船槳狀的鰭肢，能提供在海中推進的主要動力，牠們的後肢也是扁平狀，能像掌舵手一樣協助調整前進的方向。

龜類以肺呼吸，因此和魚類不同，需要浮出海面換氣，但牠們緩慢的生長代謝率及數量較多的紅血球，能讓氧氣在體內存留較久，也因此海龜能長時間在海面下活動。

海龜的分布相當廣泛，太平洋、大西洋、印度洋，自熱帶至溫帶海域，都有機會瞧見牠們。雖然如此，海龜卻面臨滅絕的危機，目前已發現並仍生存於地球上的海龜共有七種，分別是綠蠵龜、赤蠵龜、欖蠵龜、玳瑁、革龜、肯氏海龜及平背龜。其中最酷的就屬本篇主角「革龜」了，牠是現存唯一一種沒有硬殼的古老海龜，且具有許多特殊本領！

不穿重裝，穿輕裝

革龜也稱稜皮龜、楊桃龜，牠不像其他海龜擁有花紋亮麗的硬甲，而是由堅韌的外皮革及富含油脂的肌肉層，包覆著許多形狀不規則的細碎小骨板，形成質地較軟的背甲。其中較大的骨板分別組成七條縱貫革龜背部的縱脊，自頭頸後方往臀部延伸，最後像鐵軌交會一般，在臀部末端相聚而收攏。深黑色皮革外衣加上俐落的漂亮稜線，再點綴著白色小點，使革龜水滴狀的身軀宛如一顆精緻的大楊桃，也像海裡一粒小巧的葵花子。

革龜的皮革式背甲的確獨特，但牠的體色明度卻與大多數海洋生物的特徵相似——背面深色、腹面淺色，這種特徵稱為「反遮蔽」，是利用日光從上方照射海面的現象演化出的保護機制。當掠食者由上方接近，生物體暗色的背面可偽裝成深不見底的海水；若掠食者由下方接近，亮色的腹面可能被當成灑落海面的日光。革龜正是利用這種明暗特徵，巧妙的融入周遭環境，對掠食者或獵物進行偽裝。

但事實上，掠食者對成年革龜並不構成威脅，因為少有生物敢挑戰革龜。奇怪嗎？一點也不。革龜是最大的海龜，也是全世界第四大的現生爬蟲類，牠們的體長大多可長到 1.8～2.2 公尺，體重約為 250～700 公斤（目前世界上已發現最巨大的革龜體長將近 3 公尺，重達 916 公斤），光是這巨大的體型，就足以讓其他生物心生恐懼、不敢隨意造次。

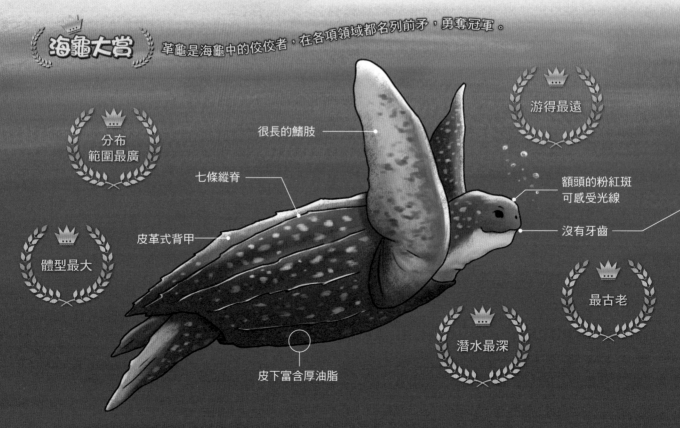

海龜大賞 革龜是海龜中的佼佼者，在各項領域都名列前矛，勇奪冠軍。

分布範圍最廣

游得最遠

很長的鰭肢

七條縱脊

額頭的粉紅斑可感受光線

皮革式背甲

沒有牙齒

體型最大

最古老

潛水最深

皮下富含厚油脂

馬拉松游泳高手

革龜雖然巨大，游起泳來卻一點也不顯笨重，甚至還是馬拉松長泳冠軍！牠的四肢與其他海龜一樣都特化為無爪的船槳狀，有如魚鰭，因此稱為鰭肢。

此外，革龜鰭肢與身體的比例是現生海龜中最大的，這就好比用大船槳划動小船，能夠提供巨大的動力。尤其是牠強而有力的前鰭肢，更是位居所有海龜之冠。

革龜移動時就像鳥兒拍動翅膀，會以垂直的方向揮舞鰭肢，彷彿在海中飛翔一樣，搭配上流線型的身軀，好比一顆皮革製的美式足球，以每秒 0.5～2.8 公尺的速度，穿梭於世界海洋這個大球場之間。

曾有科學家將發報器安裝在革龜身上，藉此進行追蹤，結果發現某些區域的成年革龜在長達 647 天中，游過將近 2 萬公里的路途；這距離相當於地球圓周的一半長！移動這麼遠的距離，是為了離開覓食區，洄游到繁殖地。

革龜堪稱最有毅力的長泳選手，也是目前所知分布最廣的海龜。不僅如此，身為長泳冠軍的牠，在潛水項目也是穩居第一名寶座！根據先前的發現，革龜大多可下潛到海面以下 300 公尺深的地方，甚至有紀錄顯示，革龜下潛的深度最深可達 1.28 公里，真的是大師級深海挑戰啊！用肺部呼吸的革龜雖然必須浮出水面換氣，不過牠們每次待在水裡的時間都相當長，約為 30～70 分鐘不等，遠勝於其他海龜！

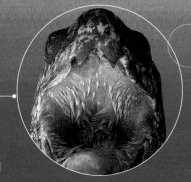

地獄的入口

革龜是肉食性動物，但牠並沒有牙齒，而是用吞食方式將水母吞入口中，再靠著食道內側倒鉤狀的角質皮刺，協助吞入食物，以防滑溜的水母從喉嚨中逃脫。

活躍的深海大楊桃

革龜最喜歡的食物為水母，為了獵食，牠們通常會隨著水母棲息在較深的寒冷海域。但爬行動物是變溫動物，如何抵禦寒冷呢？科學家發現，巨大的革龜靠著龐大的身軀與表層豐厚的棕色脂肪組織，隔絕外界的寒冷，將熱能鎖在核心身軀。牠還能利用血管產生逆流熱量交換，讓鰭肢與被脂肪包覆的氣管保持溫暖。另外，革龜會保持活動，利用高動能維持體溫。種種生存策略可使革龜的核心溫度比周圍海水高出 18℃，即使在 7℃ 的海水裡也能保持活力。

繪圖：HOM 的遊樂園；圖片來源：NOAA、pngtree

繁衍大不易

革龜具有大洋洄游的特性，藉著特有的第三隻眼——位於額頭上方的感光斑點，可感受日照長短的變化，依此決定是否從覓食區移動至繁殖海域。

雄龜每年都會發情，洄游至出生地附近的海域徘徊，但雌龜通常 2～3 年才會千里長征返回故鄉一次。不同於雄海龜對出生地的「忠心」，革龜媽媽不一定會回到出生的故鄉產卵，有些會嘗試在出生地周邊海域尋找合適的沙岸，並與革龜爸爸們相遇後才上岸產卵。

革龜爸爸們？難道爸爸不只一個？沒錯，革龜是一妻多夫制，一隻雌龜與兩隻以上的雄龜交配是常有的事。革龜媽媽體內擁有來自不同雄龜的精子，可同時受精，並將龜卵產在同一個窩中。

每年 5～6 月是革龜主要的產卵季節，這時氣候已回暖至 25℃ 左右。為了避免獵食者的攻擊，革龜媽媽通常選擇在夜半時分前往人煙稀少、坡度和緩、面向深海且周邊沒有珊瑚礁的沙灘，上岸產卵；若中途受到干擾，牠們會迅速返回海中，將精子暫貯於輸卵管內以維持精子的活動力，等待重新上岸的時機。

一切就緒後，革龜媽媽會背對著反射月光的海面前進，一旦接觸到沙地，便以最快的速度筆直向前，越過海水高潮線，尋找安全且適合的產卵地。首先，牠們會用前鰭肢扒開沙子，並將周邊的雜草、雜物撥除，挖出一個約 20～30 公分深的沙洞當做產房，以容納自己的身軀。接著，革龜媽媽用後鰭

繪圖：HOM 的遊樂園

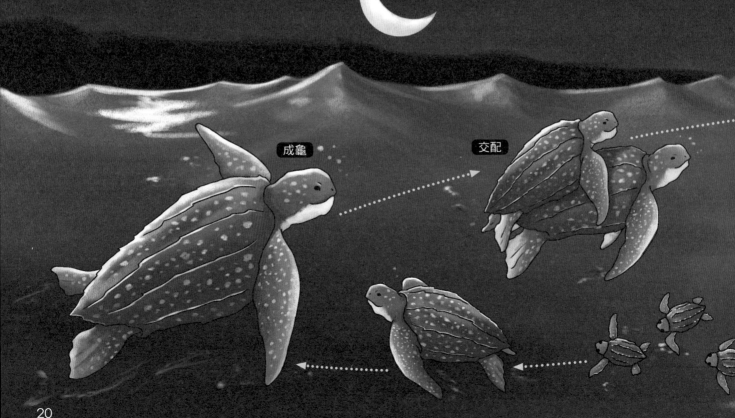

成龜

交配

肢挖出一個直徑約 70 公分、深約 50 ～ 60 公分的甕型產卵洞，做為寶寶們的溫床。確認周遭安全之後，革龜媽媽便開始產卵，一次可產下約 110 顆龜卵，然而這只是革龜媽媽的一窩寶貝，在每個繁殖季裡，雌龜會上岸 6 ～ 11 次，每次間隔 8 ～ 11 天，總共可產下 800 顆以上的卵。

完成產卵後，革龜媽媽會用前鰭肢將沙子往身體後方撥，將產卵洞掩蓋後才安心離去。革龜每次上岸產卵花去的時間，快則兩小時，動作慢一點則需要 4 ～ 6 小時，是非常耗費體力的危險任務。

革龜寶寶依靠大自然的溫度孵化，龜媽媽產卵後約 45 ～ 60 天後，龜寶寶會利用鼻前方的蛋齒（這個器官在孵化後消失）啄破蛋殼而出，並在巢中等待其他兄弟姊妹孵

出，再一齊攜手離開巢穴，這時的幼龜大約只有 5 ～ 6 公分大。由於白天在空曠的沙灘上爬行時，必須面對炙熱的太陽，受天敵襲擊的機會也較高，因此革龜寶寶大多選擇溫度最低的清晨動身。牠們也像成龜一樣依靠月光的指引，不過這次是成群結隊往大海的方向爬去。

打從孵化階段，就有獵食者不斷偷襲革龜的巢穴，直到幼龜群起返家，鬼蟹、鴉鳥、海鷗等饕客更是不請自來。即使下海了，還有大型魚類、頭足類、鯊魚等天敵威脅。面對如此龐大的獵「嬰」集團，幼龜只能努力逃跑。好不容易存活下來的小革龜，在幾十年的成長過程中，也可能遭到大白鯊等大型海洋動物的攻擊。大約每 1000 顆龜卵，只有 1 顆能順利長成成龜！

男生 or 女生？

剛產下的龜卵沒有性別之分，直到第 3 ～ 5 週，才會依巢中溫度出現公母的差異。通常 29.5℃是革龜決定性別的溫度分水嶺，當巢中溫度約為 29.5℃時，公母比例大約各半；當溫度較高，會孵育出成群的雌龜；若溫度較低，則是雄龜勝出。

產卵

孵出幼龜

邊哭邊產卵？

在海中生活的生物自有應付海水中過多鹽類的方法，而海龜是靠發達的淚腺。這在海中看不出來，但雌龜上岸產卵時，就可看出牠們的淚腺會不停分泌液體來排去體內多餘的鹽分，同時讓眼睛保持濕潤，絕不是因為生下寶寶喜極而泣！

福爾摩沙的海龜嬌客

　　臺灣沿海一帶可見到的海龜除了有革龜，還有綠蠵龜、赤蠵龜、欖蠵龜以及玳瑁，其中最耳熟能詳的就屬綠蠵龜了。

綠蠵龜：蘭嶼、小琉球或澎湖望安，都有機會看到綠蠵龜出沒覓食，甚至上岸產卵。綠蠵龜具有大洋洄游性，小時候吃小魚小蝦和藻類，屬雜食性，但成年後改以大型海藻為主食，成了唯一一種吃素的海龜。牠的背甲和皮膚從深棕色到淺棕色都有，唯獨不見名字上的「綠」。原來綠蠵龜的綠，其實是指吃進去的海藻葉綠素累積在脂肪裡所呈現的墨綠色，這才是綠蠵龜名稱真正的由來。

赤蠵龜：赤蠵龜正如其名，紅棕色的體色遍布頭部、四肢及背甲，牠渾圓的大頭更讓人給牠起了「大頭龜」的可愛俗名，但牠其實一點也不溫順可愛。咬合力極強的赤蠵龜是不折不扣的肉食主義者，蝦蟹等甲殼類是牠喜愛的主食。比起溫和的綠蠵龜，赤蠵龜顯得兇猛許多。

欖蠵龜：體色像灰綠色的醃漬橄欖，以蝦蟹等甲殼類或水母為主食。成龜的體重大約為 45 公斤，背甲約有 70 公分長，是所有海龜之中體型最小的一種，但兇猛的個性絕對不容小覷，堪稱恰北北海龜冠軍！

繪圖：HOM 的遊樂園

CR 革龜

220cm

粉紅色斑點

以水母為食

塑膠袋

國際自然保育聯盟（IUCN）紅皮書受脅評估指標

EX 絕滅　　EW 野外絕滅

CR 極危　EN 瀕危　VU 易危 ◀受威脅

NT 近危　LC 無危

EN 綠蠵龜

120cm

以海草為食

玳瑁：背甲上有橘、黃或咖啡色斑雜色塊的玳瑁，以海綿為主食。為了啃食這些躲藏在珊瑚礁的多孔動物，玳瑁演化出修長的臉型與鷹嘴般銳利的嘴喙，更特別的是，玳瑁的背甲是覆瓦狀的立體構造，好比古厝的屋瓦般片片堆疊，邊緣更呈現尖銳的鋸齒狀。不過玳瑁的背甲隨著牠年紀增長，邊緣的鋸齒會漸漸磨損、變得圓滑，有些老玳瑁的背甲甚至看不出覆瓦狀的特徵，加上外型和綠蠵龜相近，因此常被錯認為綠蠵龜。

　　各種海龜目前全都面臨生態危機，有的是誤入漁網，因為無法到水面換氣而窒息，有的是把海中漂浮的塑膠袋誤認為水母而吃下肚，因此腸道阻塞而死亡。另外，過高的氣溫使海龜的雌雄比例失衡，夜晚的人造照明設備使仰賴月光當指引的海龜迷失方向，上不了岸也回不了家……。

　　生態系環環相扣，在人類生活無節制擴張下，物種滅絕愈趨嚴重，生物多樣性消失太快，大自然來不及修復而愈加失衡。倘若人類再不改變，不只革龜，或許我們自己也會成為下一個消失的物種。　　　　科

作 者 簡 介

翁嘉文　畢業於臺大動物學研究所，並擔任網路科普社團插畫家。喜歡動物，喜歡海；喜歡將知識簡單化，卻喜歡生物的複雜；用心觀察世界的奧祕，朝科普作家與畫家的目標前進。

VU 欖蠵龜　70cm
以蝦蟹或水母為食

EN 赤蠵龜
渾圓的大頭
以蝦蟹為食
咬合力強
120cm

90cm
CR 玳瑁
背甲瓦狀堆疊
邊緣鋸齒狀
以海綿為食

沒有硬殼的海龜——革龜

國中生物教師　江家豪

主題導覽

目前地球上尚有七種海龜生存，革龜可說是其中最為獨特的一員，因為具有獨特的革質背甲，所以名為「革龜」；又因為一條一條縱脊宛如楊桃，所以也稱「楊桃龜」。革龜是海龜家族中體型最大的一種，具有許多堪稱海龜中佼佼者的能力，卻因性格溫和、繁殖不易，族群始終無法壯大。近幾年海洋汙染及氣候改變，更讓革龜處境雪上加霜，成為 ICUN 中的極危物種。

〈沒有硬殼的海龜——革龜〉介紹了革龜和其他海龜的相關知識。閱讀完文章後，可利用「挑戰閱讀王」來了解自己對文章的理解程度；「延伸知識」中補充了逆流交換、動物婚姻制度和爬蟲類性別決定機制等簡單介紹，可以幫助你更深入理解本篇文章的內容！

關鍵字短文

〈沒有硬殼的海龜——革龜〉文章中提到許多重要的字詞，試著列出幾個你認為最重要的關鍵字，並以一小段文字，將這些關鍵字全部串連起來。例如：

關鍵字：1. 革龜　2. 海龜　3. 硬殼　4. 世界之最　5. 生態危機

短文：革龜是現存最古老、體型最大的海龜。牠們是極為獨特的生物，身上沒有硬殼，而是具有革質的背甲，加上狀似楊桃的外形，非常容易辨認。除此之外，牠們的長泳能力及潛水深度都是海龜中的世界之最，可惜並未因而改變牠們面臨的生態危機。由於繁殖成功率低，加上日益惡化的生態環境，使得革龜成為極危物種。

關鍵字：1.＿＿＿＿＿　2.＿＿＿＿＿　3.＿＿＿＿＿　4.＿＿＿＿＿　5.＿＿＿＿＿

短文：＿＿＿＿＿＿＿＿＿＿＿＿＿＿＿＿＿＿＿＿＿＿＿＿＿＿＿＿＿＿＿

＿＿＿＿＿＿＿＿＿＿＿＿＿＿＿＿＿＿＿＿＿＿＿＿＿＿＿＿＿＿＿＿＿＿＿

＿＿＿＿＿＿＿＿＿＿＿＿＿＿＿＿＿＿＿＿＿＿＿＿＿＿＿＿＿＿＿＿＿＿＿

挑戰閱讀王

閱讀完〈沒有硬殼的海龜——革龜〉後，請你一起來挑戰以下題組。

答對就能得到👍，奪得 10 個以上，閱讀王就是你！加油！

☆四面環海的臺灣常有海龜出沒，請根據文章中對海龜的描述回答下列問題：

（　　）1.根據研究，海龜最有可能由哪個物種演化而來？（答對可得到 1 個👍哦！）

　　　　①海豚　②淡水龜　③陸龜　④企鵝

（　　）2.為了適應海洋中的環境，海龜具有許多獨特的構造，下列何者並不是其中

　　　　之一？（答對可得到 1 個👍哦！）

　　　　①背甲扁平呈流線型

　　　　②無法將頭與四肢藏入殼中躲避敵害

　　　　③為了長時間潛水改以鰓呼吸

　　　　④前肢長而扁平呈船槳狀

（　　）3.關於海龜的種類與分布，下列敘述何者正確？（答對可得到 1 個👍哦！）

　　　　①目前仍存活在地球上的種類多達 70 種

　　　　②以北冰洋的寒冷水域最為常見

　　　　③臺灣鄰近海域是海龜的活動範圍

　　　　④海龜分布廣、繁殖力強，屬於無危物種

（　　）4.海龜主要由哪個部位得到游泳動力？又靠哪個部位控制方向？（答對可得

　　　　到 1 個👍哦！）

　　　　①動力來源為前肢；控制方向為後肢

　　　　②動力來源為後肢；控制方向為前肢

　　　　③都靠前肢

　　　　④都靠後肢

☆革龜是海龜中最特殊的一種，請根據文章中對革龜的描述回答下列問題：

（　　）5.革龜有許多特徵或能力都是海龜中的佼佼者，但下列何者並不正確？（答

　　　　對可得到 1 個👍哦！）

①革龜是體型最大的海龜

②革龜是現存最古老的海龜

③革龜是分布範圍最廣的海龜

④革龜是繁殖力最強的海龜

（　）6.下列關於革龜的觀察紀錄，何者正確？（答對可得到 2 個👍哦！）

①目前記錄過最大的革龜長約 1.5 公尺

②是世界上第四大的現生爬蟲類

③每次潛水可維持 3 ～ 7 個鐘頭不等

④最深能下潛到 200 公尺深的海域

（　）7.革龜的背甲與其他海龜十分不同，下列相關敘述何者正確？（答對可得到 1 個👍哦！）

①有七條縱脊　②覆蓋許多鱗片

③呈黃白色　④有許多亮麗的花紋

（　）8.革龜的繁殖方式應屬於下列何者？（答對可得到 1 個👍哦！）

①體外受精卵生　②體內受精卵生

③體外受精胎生　④體內受精胎生

（　）9.有關革龜寶寶的性別，是透過下列何者決定？（答對可得到 1 個👍哦！）

①父親提供的染色體　②母親提供的染色體

③孵化時的溫度　④與革龜寶寶的年齡有關

☆臺灣的革龜紀錄：革龜分布廣泛，遍及三大洋，但臺灣並非革龜產卵地，因此少有革龜登陸的紀錄，僅有六筆擱淺死亡紀錄。2022 年的農曆新年，民眾在福隆沙灘發現一隻海龜擱淺，且被漁網纏繞受傷，經通報後送往海洋大學救治。鑑識後發現，確定那是一隻革龜，成為臺灣第一筆活體革龜擱淺紀錄。經過一天的治療及觀察後，這隻革龜不幸死亡。請根據這篇短文內容回答下列相關問題：

（　）10.關於臺灣的革龜紀錄，何者正確？（答對可得到 1 個👍哦！）

①臺灣西部沙岸為革龜重要產卵地　②有數十筆革龜擱淺紀錄

③第一次革龜活體擱淺紀錄在福隆　④海洋大學收容多隻受傷革龜

（　　）11.因為人類活動影響環境，導致海龜面臨諸多生存威脅，下列何者並非海龜
　　　　　所遭遇的困境？（答對可得到 1 個👍哦！）
　　　　　①漁業用的廢棄漁網　②漂浮在海中的塑膠袋
　　　　　③全球暖化海水升溫　④過度保育以致族群密度過高

延伸知識

1. **逆流交換**：是自然界中的一種物質交換機制，代表鄰近兩邊的流體會沿反方向流動，同時交換熱或其他物質。這樣的方式可增加物質交換的效益，減少熱能流失。例如魚鰓的氧氣交換及企鵝四肢的熱能交換，都是利用血液的逆流交換。以生活在南極冰冷大地的企鵝為例，腳部的動脈與靜脈緊密交叉，兩者血流方向相反，動脈中的血液來自心臟、較為溫暖，靜脈中的血液由腳部流回心臟，溫度較低。但由於動脈和靜脈緊密相鄰，熱量可由動脈傳往靜脈，因此避免熱量自腳底流失，而流回心臟的血液也能靠來自動脈的熱量先行加溫。這種機制可減少熱能耗損，是企鵝在極地生存的重要關鍵之一。

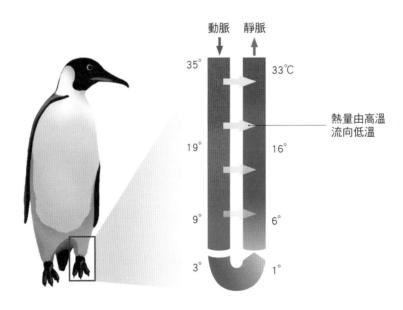

2. **動物的性別決定機制**：人類的性別由父親的 X 及 Y 染色體來決定；鳥類是由母親的 Z 及 W 染色體決定；但多數爬行動物則由孵化時的溫度，來決定寶寶的性別。最奇妙的是，有些魚類的性別會隨著年齡改變！

繪圖：張睿洋

3. **排鹽構造**：生物體內鹽分若過高，容易造成脫水現象，因此居住於海中或海濱的生物，大多具有排除鹽分的鹽腺。例如紅樹林植物可從葉片背面排除鹽分，海鳥或海龜則具有鹽腺，就位於眼睛或鼻子附近。

4. **排卵量與存活率**：動物生殖時單一次的排卵數量，與受精成功率、幼體存活率有極高的關係。一般而言，體外受精因為成功率較低，所以單次的排卵量較多，例如珊瑚及多數魚類；體內受精的成功率較高，單次排卵量較少，如爬蟲類與鳥類。幼體存活率則與親代的護卵育幼行為有關，若親代付出較多心力保護與照顧下一代，幼體存活率會比較高，因此每次排卵的量比較少。

延伸思考

1. 查查看，臺灣記錄最多的海龜是哪一種？多數海龜出現在哪裡呢？

2. 小琉球常以「與海龜共遊」作為觀光賣點，這裡的海龜是哪一種？你支持這樣的觀光活動嗎？

3. 不論哪一種海龜都是受危甚至瀕危的物種，想想看我們可以在日常生活中做些什麼，為保育海龜盡一份心力呢？

七手八腳的建築師 蜘蛛

令許多人毛骨悚然、避之唯恐不及的蜘蛛，
其實不只身懷好本領，還是個藝術家！

撰文／翁嘉文

平面的、立體的，放射狀的、漏斗狀的，蜘蛛巧奪天工的織網技巧，總叫人歎為觀止。蜘蛛網不只是蜘蛛溫暖的住所、低調或囂張的陷阱，更是精細的藝術品。

蜘蛛種類繁多，目前為止，全世界完成命名的蜘蛛已多達 4400 種，而臺灣的蜘蛛估計有 1000 多種，其中已研究命名的約 450 種。隨著種類、雌雄不同，蜘蛛在樣貌、構造、大小等方面各有差異，但大致上都具有以下特徵：外骨骼、兩個體節、八隻眼睛、一對觸肢、四對足，並且都會吐絲。

根據科學家的觀察，全世界的蜘蛛都會吐絲，但不一定會結網，因此將牠們分為兩類，一類是喜歡在固定區域結網捕食的「造網型蜘蛛」，一類是經常在地面或草叢堆徘徊、捕捉獵物，卻不結蛛網的「狩獵型蜘蛛」。

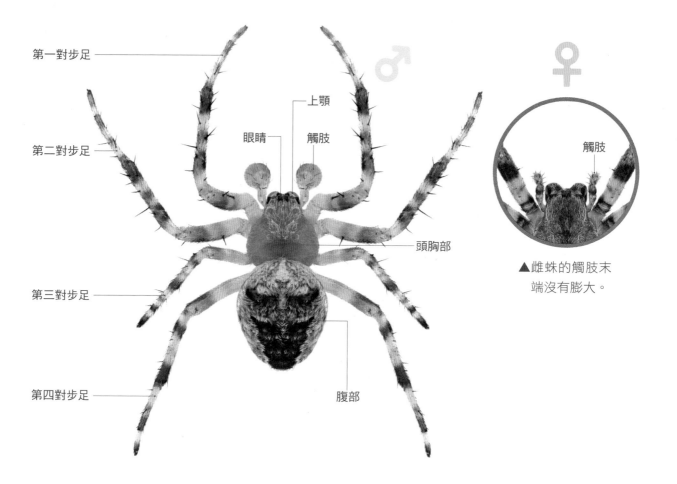

第一對步足

第二對步足

第三對步足

第四對步足

上顎

眼睛　觸肢

頭胸部

腹部

觸肢

▲雌蛛的觸肢末端沒有膨大。

蜘蛛的構造與特性

　　蜘蛛屬於蛛形綱，但有不少人把牠誤認為昆蟲，不過仔細觀察可以看出兩者的不同。蜘蛛與昆蟲都具有幾丁質外骨骼，但蜘蛛的身體只分為頭胸部及腹部兩個體節，昆蟲則是由頭、胸、腹部三個體節構成；而且蜘蛛有四對步足，昆蟲只有三對。

　　蜘蛛的頭胸部及腹部兩個體節之間，由細薄卻彈性十足的肌肉連接，所以蜘蛛不需要費力移動頭胸部，就可以完成吐絲的動作。蜘蛛的眼睛位在頭胸部前方，一般有八個，少數種類只有四或六個，有的蜘蛛甚至沒有眼睛。眼睛的顏色分成兩類，一種是帶有白

色亮澤的夜眼，一種是神祕黑色的晝眼。不同種類的蜘蛛，八隻眼睛的顏色可能都相同（同質眼），也可能同時擁有兩種顏色，混合夜眼和晝眼（異質眼）。眼睛的特色，像是數目、類型或排列方式，在蜘蛛物種的鑑定上是相當重要的判斷依據。

　　同樣位於頭胸部前方的觸肢，具有協助蜘蛛生殖的重要功用，也是判別雌雄的依據。大多數雄蛛的觸肢末端膨大形成「觸肢器」，像是戴上棒球手套一樣，可以暫時儲存精子，也可當做交配器，具有傳送精子的功能。雌蛛的觸肢末端則沒有膨大的現象。

　　另外，想分別蜘蛛雌雄還可藉由觀察牠們

圖片來源：Shutterstock、達志影像；繪圖：HOM 的遊樂園

的生殖器。雌蛛腹部上端具有硬骨化、且構造複雜的「外雌器」，雄蛛的生殖孔外則有平面的硬骨化皮膚，兩者很不一樣，仔細觀察就能分辨。雄蛛的觸肢器及雌蛛的外雌器還依種類不同而有不同型態，是科學家辨別蜘蛛物種的特色依據。

蜘蛛的四對步足最讓人印象深刻。延伸自頭胸部腹面的八隻靈活長腳都有七節，每一節都具有細毛、剛毛、棘刺，也有與聽覺、觸覺、嗅覺等有關的感覺毛；而在四對足的末端，有二或三枚爪子，依蜘蛛捕食型態不同而異。

這麼多隻腳，每隻腳又有這麼多節，該怎麼走路呢？蜘蛛各有好辦法，勇往前行的蜘蛛會將第一、二對步足向前伸，第三、四對步足向後推，用以前進。橫行的蜘蛛則都向側方伸出腳來行走就行了！

屬於蜘蛛限定的專屬特色，除了八隻腳，就是蜘蛛絲了。分泌蜘蛛絲的構造稱為絲

蜘蛛可以在垂直的牆壁上行走？

蜘蛛的步足末端覆蓋著厚厚的剛毛，每支剛毛末端還會膨出成吸盤狀，像是具有許許多多非常微小的小腳。這些小腳可以攀附住牆壁上的小突起，好比人類攀岩時，用手握住石壁上的突起一樣。如此一來，蜘蛛就可以輕鬆的在垂直的牆壁上行走而不會掉下來。

疣，大多數蜘蛛具有三對，有的則退化為兩對，大多位於腹部末端。透過顯微鏡觀察發現，每個絲疣上方都有多種不同的吐絲管，分別連接蜘蛛腹部內的絲腺，而絲腺有六至七種，能夠用來紡出各式各樣不同功能的蜘蛛絲。

不結網的蜘蛛

不結網但善於等待獵物的狩獵型蜘蛛，如家裡常見的白額高腳蛛（俗稱「虼犵」）、蠅虎等，顧名思義就是會主動出擊捕食獵物的蜘蛛！狩獵型蜘蛛的機動性較強，活動範圍較大，跳躍能力與視力也比造網型蜘蛛來得好，一個晚上可捕獲好幾隻小昆蟲來填飽肚子。牠們的領域性很強，常常會驅逐同類。造網型蜘蛛則相對和平，一個屋簷下可以同時存在好幾張蛛網。

蜘蛛建築師

對於造網型蜘蛛而言，例如人面蜘蛛，結網是終其一生的使命，也是填飽肚子的利器。依照網子的外觀差異，蜘蛛網分成圓網、漏斗網、條網、帳幕網、不規則網等造型。不同種類的蜘蛛結的網各不相同。

蜘蛛可說是細心且耐心十足的建築師，當牠們選定結網位置，便開始大展身手！就像蓋房子需要堅固的地基一樣，蜘蛛網的骨架十分重要。以最常見的圓網為例，蜘蛛會先爬上合適的起始點，如穩固的樹枝，接著高舉腹部，由絲疣吐出一段細絲，任它在風中飄盪，等這段細絲黏上另一根樹枝或穩固的地點時，蜘蛛會將絲線的頭牢牢固定在起始位置，搭成絲線橋梁（圖❶）。

接下來，蜘蛛沿著橋梁走向剛剛黏上的地點，並且一邊走一邊吐出第二條絲，讓這條絲自然垂在第一條絲之下。分別將兩條絲的兩端都固定後，蜘蛛會前往第二條絲的中央。由於重力的關係，第二條絲這時會形成類似英文字母 V 的形狀。蜘蛛建築師再從此處再度吐絲而下，形成一個類似英文字母 Y 的形狀（圖❷）再加以固定，完成主要的蛛網基礎。

之後，蜘蛛開始在蛛網基礎的周邊搭上更多絲，形成框架，並重複返回第二條絲的中心位置，一步步建構出類似雨傘骨架般向外輻射的縱絲（圖❸～❺），最後再回到中心位置，並開始由內向外，以逆時針方向在輻射狀縱絲上織出螺旋狀的輔助絲，以固定蛛網架構。愈靠近中心的輔助絲，彼此的間距愈小，看起來愈密（圖❻）。

這時的蛛網看起來已似乎成型，但建築工程其實尚未結束！因為縱絲與輔助絲還未具有黏性，無法捕捉獵物。接下來，蜘蛛會以順時針或逆時針的方向，自外緣往中心移動，仔細為部分蛛網加上具黏性的黏著絲——蛛絲上有黏珠（圖❼），並同步把輔助絲吃下肚，用來補充吐絲所需的原料。

最後的蜘蛛網中心結構特別密，但沒有黏性，與周圍略有間隔，這部分稱為網心。網心以外則是具有黏珠的黏絲帶。蜘蛛花費好長一段時間才完成美觀又耐用的蜘蛛網，果真稱得上勤勉又善於回收資源的自然建築大師！

蜘蛛網不會黏蜘蛛？

透過高倍率顯微鏡的觀察，發現蜘蛛網其實會黏蜘蛛，只是蜘蛛有些妙招可避免被黏緊。首先，蜘蛛的四對步足末端具有密集的剛毛，可減少身體與蜘蛛絲接觸的面積，這就像指頭末端黏到強力膠帶，會比整面手掌黏到要容易去除。

其次，蜘蛛行動時步步為營，會盡量避開帶有黏珠的蜘蛛絲，減少被黏的危險，也避免為了脫困而過度拉扯網子，造成破壞。

最後，蜘蛛步足末端的表層具有特殊化學物質，可降低沾黏程度，有的科學家認為這個化學物質是油脂，但目前尚無定論。

繪圖：HOM 的遊樂園

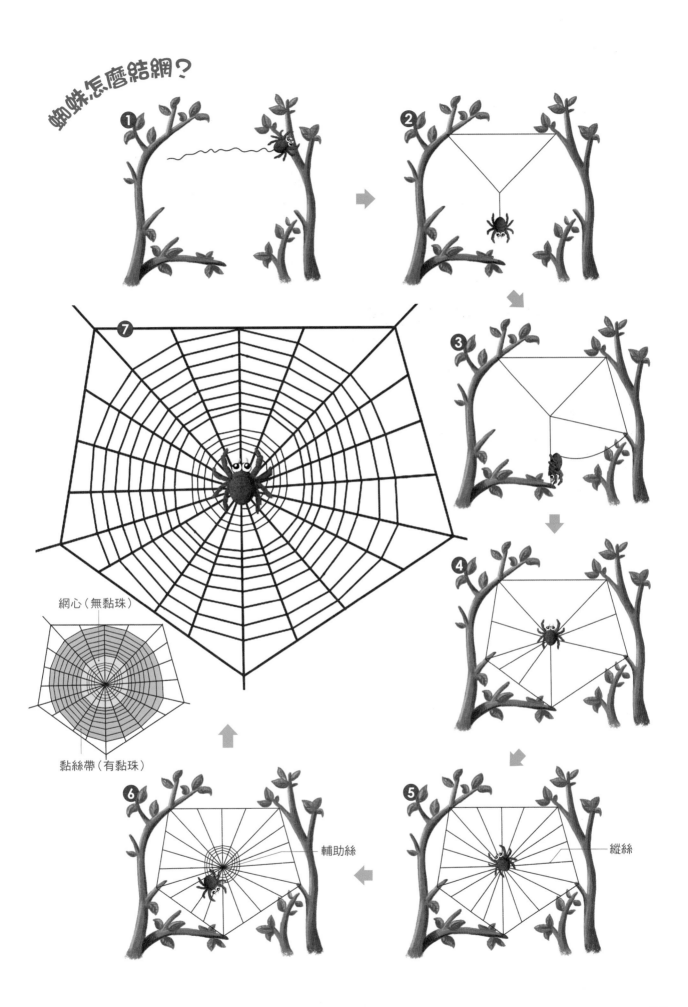

蜘蛛怎麼結網？

網心（無黏珠）

黏絲帶（有黏珠）

輔助絲

縱絲

X 型隱帶

皿狀立體網

花紋型隱帶

漏斗狀立體網

五花八門的蜘蛛網

　　有些蜘蛛不滿足於單調的蛛網，還會以更多的花樣來妝點自己的家。牠們從網子中心向外添加厚厚的絲線，形成各種圖案，彷彿蜘蛛網就是一張畫布。有的圖案是貫穿網心的直線，有的是打上大叉叉的 X 線，還有華麗的漩渦造型、花紋造型等，或像《夏綠蒂的網》所描述的，好比寫了某些祕密訊息的英文字母。

　　蛛網上這種粗厚的裝飾稱做「隱帶」，常見於金蛛屬、棘渦塵蜘屬等的蜘蛛網。科學家推測，醒目的隱帶也許是為了隱藏蜘蛛本身的蹤跡，或用來提醒鳥類等較大的動物避開蛛網以防遭到破壞，也可能是為了增加蛛網強度，或做為反射光線、吸引昆蟲的工具，甚至是為了吸引異性注意。

　　除了各種平面的圓網及充滿特色的隱帶之外，蜘蛛對立體建築也很拿手。皿蛛就很擅長建構像碗或盤子一般的立體網，有的開口朝上，有的朝下；草蛛、馬蛛等則會建構漏斗狀的立體網，用漏斗的開口面來捕捉獵物，而中央的漏斗管則做為蜘蛛的巢穴，以躲避捕食者。有的蜘蛛並不藉由立體網來彰顯特色，例如葉蛛，是在葉面織就一層緻密網，然後藏身於下。大姬蛛、幽靈蜘蛛的蛛網每次都織得很隨性，不具有固定形狀。甚至有蜘蛛的網只由幾根蛛絲構成條網，如錐頭蛛、寄居姬蛛等。

圖片來源：達志影像、Shutterstock；繪圖：HOM 的遊樂園

布置好蛛網後，不同蜘蛛捕捉獵物的方法也各有巧妙。有的蜘蛛以頭胸部向下的姿勢待在網子中央或稍微偏上的位置，監控著輻射狀的縱絲，每當絲線傳來震動，就迅速衝向前捕捉獵物。有些蜘蛛則會離開網子，另外構築一張較小的網，暫居在上頭，並透過一條絲線連接兩張網子，做遠距離的偵查。特別的是，不管哪一類蜘蛛，都有超級感知系統，僅僅透過網子的震動，便能辨別蛛網遇上的究竟是獵物、葉子、風吹，還是捕食者。敏銳的感知能力，著實令人佩服。

水下的建築師

蜘蛛網不僅陸上有，水裡也有蜘蛛的藝術建築！那就是水蜘蛛。水蜘蛛生活在歐洲及亞洲北部，喜歡在水流緩慢的河岸，或具有豐富植被的水塘邊，於水面上築一層蛛網，而牠的窩就藏在這層蛛網下。

水蜘蛛的腹部有濃密的短絨毛，可防水並挾帶空氣進入水中，就好比水世界版的太空帽，只不過這頂太空帽是戴在蜘蛛腹部！

水蜘蛛會挾著空氣潛到剛築好的蛛網下，並分次將氣泡掃到蛛網底下。因為有蛛網的阻隔，氣泡不會逃逸到空氣中，而是漸漸聚集形成大氣泡。就這樣來回收集，直到氣泡夠大，水蜘蛛才停止行動，最後完成一個潛水鐘似的藝術建築！

這個潛水鐘如何運作呢？水蜘蛛會待在氣泡內生活，當氣泡中的含氧量降低至 16% 以下，水中的氧氣會擴散到氣泡裡面；同樣的，因呼吸作用而增加的二氧化碳，也會漸漸擴散到氣泡之外。

由於具有這樣的氣體流動機制，水蜘蛛一天內甚至只需要出水面換氣一次！不過，如果氧氣消耗太快，產生廢氣太多，使得氧氣來不及補足，而二氧化碳又迅速消散，氣泡體積就會變小，最後破裂。這時，水蜘蛛只得認命的回到水面上，重新建築新的泡泡潛水鐘。

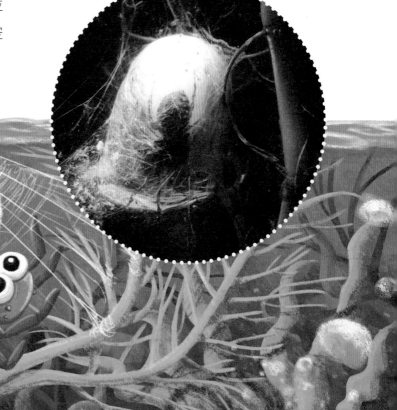

超「扯」的蜘蛛絲

蜘蛛腹部內具有六、七種不同絲腺，分泌出的蛛絲可用來編織巢穴、設置蛛網陷阱、包覆獵物，或包裹蜘蛛卵粒，形成內鬆外硬且具有保水、防水及保護作用的卵繭。

蛛絲也是幼蛛遷移時，協助牠們飄散的工具。當牠們準備好遷移，會爬到高處，像是踮著腳尖一樣撐起身體，並將腹部高舉，然後釋放出縷縷蛛絲，等待環境中的電場帶牠起飛，並隨風飄散到其他地方。這種行為稱作「空飄」（ballooning）。

至於曳絲，則是蜘蛛行動時重要的輔助工具，蜘蛛會將曳絲的一端黏在枝條上，藉由調控曳絲，在空中靈活旋轉身體達到平衡，就好比大型脊椎動物透過擺動四肢或尾巴保持平衡一樣，讓人不免聯想到蜘蛛人！

蜘蛛網捕捉昆蟲時展現的卓越彈性與堅韌程度，比同樣質量的鋼絲或鐵氟龍來得更好。蜘蛛絲防水、耐震動、細緻、輕柔，還具有生物相容性，簡直是人們嚮往的夢幻材料。不論在科學、軍事、日常生活、醫學等方面，人類都學習與利用了蜘蛛絲的特性。例如第二次大戰期間，纖細的蜘蛛絲曾被用在槍砲和顯微鏡的瞄準線上，以減少視線阻隔。2008 年，英國設計師收集 120 萬隻馬達加斯加人面蜘蛛吐出的金絲，織成金縷衣；2012 年，日本大學教授以上萬條蜘蛛絲製成小提琴的琴弦，據説音色不凡。

但蜘蛛吐絲的過程特殊，蛛絲原料也相當繁複，人們一直無法以人工方式合成大量蛛絲。直至 2013 年，日本一家生物科技公司利用人工合成絲做出了具有蛛絲特性的藍色旗袍，這是世界上首度造出彩色蛛絲，人類仿效蛛絲的努力總算有了進步！若能開發出快速且有效的合成技術，不論是想利用蜘蛛絲製作醫用紗布、繃帶、縫線、人工關節等醫療用品，或想打造輕薄、彈性佳的防彈背心、防水衣等等，都會是巨大的鼓舞。蜘蛛仿生應用總算露出絲絲曙光，究竟何時能真正成功？就讓我們拭目以待！

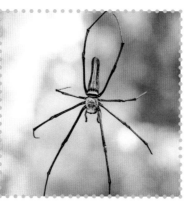

◀◀ 正吐出縷縷絲線，即將起飛空飄的小蜘蛛。

◀ 看起來像是有一張人臉的人面蜘蛛，正是牠吐出的絲，被用來製成金縷衣和小提琴琴弦！

作者簡介

翁嘉文　畢業於臺大動物學研究所，並擔任網路科普社團插畫家。喜歡動物，喜歡海；喜歡將知識簡單化，卻喜歡生物的複雜；用心觀察世界的奧祕，朝科普作家與畫家的目標前進。

圖片來源：Shutterstock、達志影像；繪圖：HOM 的遊樂園

七手八腳的建築師——蜘蛛

國中生物教師　謝璇瑩

主題導覽

你仔細觀察過身邊的蜘蛛嗎？牠們並不是昆蟲，但為什麼呢？牠們和昆蟲有什麼不同？你看過蜘蛛結網捕食獵物嗎？牠們為什麼不會被自己的網子黏住？蜘蛛絲是一種有彈性、又輕又堅韌的材料，科學家一直想製作出具有蜘蛛絲特性的材料，好應用在更多領域中。

〈七手八腳的建築師——蜘蛛〉介紹了蜘蛛的特徵、不同類型蜘蛛的生活方式，並說明蜘蛛如何結網，以及蜘蛛絲未來在人類生活中可能的應用。閱讀完文章後，可利用「挑戰閱讀王」來檢測自己對文章的理解程度；「延伸知識」中補充了關於蜘蛛絲成分、種類的介紹，以及科學家在生產蜘蛛絲上做過的努力，可幫助你更深入理解文章內容！

關鍵字短文

〈七手八腳的建築師——蜘蛛〉文章中提到許多重要的字詞，試著列出幾個你認為最重要的關鍵字，並以一小段文字，將這些關鍵字全部串連起來。例如：

關鍵字：1. 蛛形綱　2. 蜘蛛絲　3. 蜘蛛網　4. 隱帶　5. 仿生

短文：蜘蛛屬於節肢動物門蛛形綱，身體分為頭胸部及腹部兩個體節，具有八對步足。蜘蛛最典型的特徵是腹部末端能夠分泌蜘蛛絲，結網型蜘蛛能利用蜘蛛絲結出蜘蛛網。有些種類蜘蛛結出的蜘蛛網上，具有特殊的花樣——隱帶，可能具有許多有利蜘蛛生存的功能。人類正嘗試模擬蛛絲製作仿生材料，目前還有許多值得努力的開發方向。

關鍵字：1.＿＿＿＿＿　2.＿＿＿＿＿　3.＿＿＿＿＿　4.＿＿＿＿＿　5.＿＿＿＿＿

短文：＿＿＿＿＿＿＿＿＿＿＿＿＿＿＿＿＿＿＿＿＿＿＿＿＿＿＿＿＿＿＿＿＿＿＿

＿＿＿＿＿＿＿＿＿＿＿＿＿＿＿＿＿＿＿＿＿＿＿＿＿＿＿＿＿＿＿＿＿＿＿＿＿＿＿

＿＿＿＿＿＿＿＿＿＿＿＿＿＿＿＿＿＿＿＿＿＿＿＿＿＿＿＿＿＿＿＿＿＿＿＿＿＿＿

挑戰閱讀王

閱讀完〈七手八腳的建築師——蜘蛛〉後，請你一起來挑戰以下題組。

答對就能得到👍，奪得 10 個以上，閱讀王就是你！加油！

☆蜘蛛是常見的節肢動物，關於蜘蛛的身體構造，請回答下列問題：

（　）1.下列何者不是蜘蛛的共同特徵？（答對可得到 1 個👍哦！）

　　　　①身體分為頭胸部及腹部　②具有外骨骼

　　　　③有四對足　④能結網捕捉昆蟲

（　）2.下列何者能作為蜘蛛重要的分類特徵？（答對可得到 2 個👍哦！）

　　　　①外骨骼的成分　②是否會吐絲

　　　　③眼睛的數目及類型　④觸肢的數目

（　）3.通常可依據下列何種特徵，判斷蜘蛛的性別？（答對可得到 1 個👍哦！）

　　　　①眼睛的數目及類型　②觸肢的外形

　　　　③觸肢的數目　④絲疣的位置

☆蜘蛛可分為：喜歡在固定區域結網捕食的「造網型蜘蛛」，以及到處徘徊捕捉獵
物的「狩獵型蜘蛛」。請根據這兩類蜘蛛的習性，回答下列問題：

（　）4.小志看到家中的旯犽（白額高腳蛛）捕食蟑螂，請問旯犽屬於哪一個類型
　　　　的蜘蛛？（答對可得到 1 個👍哦！）

　　　　①造網型蜘蛛　②狩獵型蜘蛛　③以上皆非

（　）5.下列何者不是狩獵型蜘蛛的特性？（答對可得到 1 個👍哦！）

　　　　①視力較差　②領域性較強　③跳躍能力較佳　④會驅逐同類

（　）6.造網型蜘蛛通常不會被自己的蛛網黏住，下列理由何者為非？（答對可得
　　　　到 1 個👍哦！）

　　　　①足末端具有密集的剛毛

　　　　②行走時會避開有黏珠的蜘蛛絲

　　　　③能分解蜘蛛絲上的黏性物質

　　　　④足末端有化學物質保護

（　　）7. 有關蜘蛛網的相關介紹，下列敘述何者正確？（答對可得到 2 個👍哦！）

①每條蜘蛛絲都有黏性　②蜘蛛網皆呈圓形

③結網的過程中會丟棄輔助絲　④只有部分蜘蛛網具有隱帶

☆科學家一直嘗試應用蜘蛛絲，或企圖開發出類似蜘蛛絲的材料。請你回答下列關於蜘蛛絲的問題：

（　　）8. 下列何者不是蜘蛛絲所具有的功能？（答對可得到 1 個👍哦！）

①用來編織蜘蛛的巢穴　②包裹蜘蛛卵粒

③協助幼蛛飄散　④作為感覺毛使用

（　　）9. 有關目前為止已經嘗試過的蜘蛛絲應用，下列何者屬之？（答對可得到 1 個👍哦！）

①製作外科手術用縫線　②製造人工關節

③做成琴弦　④製造防彈背心

延伸知識

1. **蜘蛛絲成分**：蜘蛛絲是蜘蛛分泌出來的纖維，主成分為蛋白質。大多數種類的蜘蛛具有不只一種絲腺，因此可分泌出多種蜘蛛絲。蜘蛛絲的蛋白質在蜘蛛體內為液態，經由絲疣開口拉出才會轉為固態。目前已可利用人工方式，從蜘蛛身上抽取蜘蛛絲。

2. **黏珠型蛛絲與篩絲型蛛絲**：生活中常見的蛛絲多半是黏珠型，是利用黏珠作為黏性的來源。當環境乾燥時，黏珠中的水分蒸發，會使蛛絲的黏性和延展性降低，這時蜘蛛通常會轉而結新網來進行捕食。篩絲型的蛛絲則是利用蜘蛛絲的結構來增加黏性，是依靠大量的篩絲形成巨大的表面積達成黏性，所需的結網時間及材料都較多，黏性也不如黏珠型蛛絲，但是篩絲型蛛絲可持續使用的時間較長，也比較不容易受到外界乾燥的影響。

3. **生產蜘蛛絲**：養殖蜘蛛來獲得蜘蛛絲的效率並不佳，因此科學家嘗試將蜘蛛製造蛛絲的基因，轉殖到其他生物體內，藉由其他生物來生產蜘蛛絲。目前嘗試過的生物包括細菌、蠶、植物和山羊，但要大量生產高品質的蜘蛛絲仍需要更多研究。

延伸思考

1. 你身邊常見的蜘蛛有哪些呢？請搜尋「熱帶幽靈蛛」和「安德遜蠅虎」，判斷是否見過牠們的踪跡，並試著認識牠們的生活方式，判斷牠們分別屬於結網型蜘蛛或狩獵型蜘蛛，再製作一個表格比較兩者的異同。

2. 臺灣的蜘蛛種類很多，但相關研究卻顯得不足（臺灣的蜘蛛估計有 1000 多種，有研究命名的約 450 種）。農委會特有生物研究保育中心，在臉書成立社團「蛛式會社」，結合公民科學家的力量收集資料，並將資料整理後上傳到網站，便於大家查詢及應用。找找看，是否有其他公民參與科學研究的類似例子？並選擇一個你感興趣的例子介紹給身邊的人。

3. 你知道嗎？蜘蛛大多具有毒性，只是大部分不會對人類造成危害。請上網搜尋毒蜘蛛，選擇其中一個感興趣的種類，深入了解牠的生命史。

飄洋過海的垃圾訊息

**飄洋過海而來的，不是浪漫的瓶中信，而是各式各樣的垃圾。
這些海洋漂流物是從哪裡來的？又會帶來什麼影響呢？**

撰文／簡志祥

你可能看過這種莫名的電影：流落荒島的主角，一定有辦法弄來一個玻璃瓶、一張紙和一枝筆，接著在紙上寫了「SOS」的求救訊息，把紙塞進玻璃瓶裡，旋緊蓋子，用力把瓶子往大海裡一丟，這個瓶子就會隨著海流漂來盪去，不僅不會破掉，還能從人跡罕至的荒島順利漂到大海的另一端。剛好會有個人在海灘散步，湊巧撿到這個瓶中信，更巧的是，拾獲瓶中信的人竟也認識這個丟瓶子的人……。結局當然是皆大歡喜，流落荒島的人順利被找到，返回原本的日常生活。

看過這樣的電影後，筆者到了海邊還真的認真找過瓶中信，但當然是一無所獲。不過這番搜尋的過程，除了在海灘上找到沙子和石頭外，還找到不少來自大海的訊息——垃圾！垃圾重要嗎？可以告訴我們什麼事？除非有人意外遺失，否則不太可能在海灘上撿到黃金或鑽戒。人類珍惜的寶物當然會被好好保管，不會亂丟。也因此會出現在海灘上的垃圾，總是人類毫不珍惜的東西！

海灘上的垃圾有哪些種類，數量又有多少？這些資料得親自走到海邊調查才能知曉。回到 1986 年，美國海洋保育組織（The Ocean Conservancy，簡稱 TOC）發起一次淨灘活動，動員了 2800 名志工，沿著 200 公里長的海岸線，清理出 124 噸重的廢棄物。這個活動孕育了後來許多的海洋環境保護活動，包括接下來要提的國際淨灘活動。

一個人淨灘，頂多能一手拎起一袋垃圾，無法獲知太多垃圾裡透露的訊息，但一群人約好，在相同時間於世界各地淨灘，得到的統計資料就非常不得了。自從 TOC 發起國際淨灘活動之後，世界各國的環保團體陸續響應，把每年 9 月的第三個星期六訂為「國際淨灘日」，大夥兒在那天進行國內的淨灘活動，清理的地方不只有海灘，溪流、湖泊等水域也包括在內。淨灘活動之後，大家統一用 TOC 設計的紀錄表格，將撿到的垃圾一件件記錄下種類和數量，如果能看出垃圾來源，更要特別標記上去。這些資料現在更透過網際網路，大規模彙整成全世界的廢棄物資料。

廢棄物排行榜

你知道數量最多的垃圾是什麼嗎？根據 2014 年的活動，全世界 64 萬多人總共清出了大約 5600 公噸重的垃圾，而其中數量最多的垃圾，竟是煙蒂！數量超過 200 萬根！而第二名到第十名分別為糖果包裝紙、塑膠飲料罐、瓶蓋、吸管、塑膠購物袋、玻璃飲料罐、其他種類的塑膠袋、紙袋、易開罐等。而臺灣在 2014 年 9 月到 10 月間，全臺各地由荒野保護協會發起了淨灘行動，大約號召了 6000 名志工，撿拾將近 8000 公斤的垃圾。第一名的垃圾是塑膠碎片，第二名和第三名分別是保麗龍碎片和紙袋、塑膠袋。2021 年的資料則顯示，活動志工超過 7000 名，清理的垃圾超過 1 萬 8000 公斤，其中 92.8% 為塑膠製品，最多的是塑膠瓶蓋，其次為寶特瓶、吸管、煙蒂！其中一次性飲食類的廢棄物（也就是使用一次就丟棄的飲食容器，如塑膠杯盤、瓶子等等）就占了將近八成！

每一種海洋廢棄物都有背後的故事，例如名列前茅的煙蒂，並不是一張紙包著一堆菸草，而是合成纖維製成，躺在海灘上幾個星期或幾個月也無法分解。而排行榜上占據絕大多數名次的塑膠製品，從塑膠罐、瓶蓋、吸管到袋子，全都是我們在日常生活中隨處可見的用品。

漂流的命運

筆者曾經調查過臺灣的幾處海灘，無論是北部的新竹南寮，或是東南部杳無人跡的出風鼻海灘，都可撿到數量龐大的飲料罐。從罐子上的標籤可看出它們的出產地點。到底海灘上的飲料罐是從哪裡來的？姑且不論來自臺灣本地的，臺灣鄰居北至韓國，西至中國，南至越南、菲律賓，這些國家海灘上的飲料罐，也會隨著海流漂到臺灣。

這些垃圾隨著洋流四處漂流，命運各有不同。有的沖上岸就擱淺下來；有的可能被海洋生物吞下肚。例如塑膠袋，經常被海龜誤以為水母吞下去並塞住消化道，讓海龜再也無法消化而死亡。有些塑膠袋即使不被誤食，卻可能在太陽光的照射或波浪作用下裂解成塑膠碎片，就此進入北太平洋環流之中，加入巨大的太平洋垃圾帶。

科學界目前對太平洋垃圾帶的實際大小還無法確認，根據 2020 年的估計資料，整片垃圾帶的面積大約有 160 萬平方公里！約三個法國大（臺灣本島面積大約 3.6 萬平方公里）。由於有些垃圾碎片非常細小，而且

▶臺灣是海洋國家，單單本島的海岸線就超過 1200 公里，但許多海灘上卻遍布垃圾，需要志工參與淨灘，更需要民眾維護清潔。圖為環境資訊協會舉辦的「海客計畫——金山國聖埔淨灘行動」。

沉在海中，垃圾帶的大小並無法根據衛星取得的影像判斷，而必須前往當地撈取海水進行分析。根據 2014 年發表在《美國國家科學院》期刊（PNAS）的一篇研究，西班牙科學家科薩爾（Andrés Cózar）的研究團隊，就是在全球開放海域中選取四百多個測站，搭船繞行並撈取每個測站的海水來進行研究，並針對海上漂流的塑膠做了分析。他們估計這些地方漂浮的塑膠碎片總量大約是 7000 ～ 3 萬 5000 公噸之間，含量最高的地區為北太平洋，占全球塑膠碎片總量的 33 ～ 35％，而且大多數塑膠微粒的大小都介於 1 ～ 5mm。

其實海洋上的垃圾帶不只出現在太平洋，全世界有五大環流系統，就好比洗衣機的渦流一樣，會把周邊的漂浮物帶入環流內形成垃圾帶，只是面積大小不一。

食物鏈的連鎖效應

塑膠微粒抵達大海，可能對動物產生直接和間接的影響。直接的影響像是魚類吃了塑膠微粒，消化道可能因此阻塞並造成消化不良，最後使得魚類餓死。間接的影響可能來自塑膠微粒大量吸附的汙染物，這些汙染物可能影響海洋生物的生理機能。

另外，別忘了食物鏈的效應，尚未變成微粒的塑膠碎片可能進入動物體內，像是位在夏威夷東北方的中途島上，每年有大量的黑背信天翁在這裡育雛，卻在不知不覺中把塑膠垃圾餵給幼鳥，使幼鳥腹中塞滿塑膠而死亡，其中有不少垃圾竟是來自臺灣……。再進一步思考，這些進入動物體內的塑膠垃圾（或微粒上的毒素），最後是不是也可能回到人類社會之中？

既然其他國家的塑膠垃圾會漂流到臺灣，

臺灣的垃圾也可能順著洋流漂到別的國家。垃圾無國界，我們的大海同時也是別人的大海，只是以海灘為界線罷了。有個網站利用美國國家海洋和大氣總署（NOAA）的資料，將即時的海洋表面流動數據製作成即時動畫（earth.nullschool.net），可上網看看洋流如何流動，想想看別國的垃圾為何會來到臺灣，而臺灣的垃圾又是怎麼流到其他地區（例如中途島）。

從搖籃到搖籃

塑膠垃圾進入海洋可能造成重大危害，可透過哪些作為挽回呢？答案就是環保 4R！Reduce（減少使用）、Reuse（重複再用）、Recycle（循環再造）、Replace（替代）。這些都是老生常談的方法，像是攜帶可重複使用的水瓶、環保餐具、不使用塑膠袋……等。

除了個人的行動，生產產品的企業又能做什麼？請再次回想前十名的海灘垃圾，它們從出生到死亡註定是一條單行道。從開採天然資源到製造、使用、最後丟棄，這樣的單行道宛如「搖籃到墳墓（Cradle to Grave）」的路徑。但現今有不同的做法，德國的布朗嘉（Michael Braungart）教授提出不同的解決方案，稱為「搖籃到搖籃（Cradle to Cradle）」。這個概念就像是一棵櫻桃樹，新芽長成葉子、執行光合作用的功能之後，枯萎掉落土壤成為養分，再提供大樹長出果實。整個過程中，沒有「垃圾」產出。

「搖籃到搖籃」的概念希望產品從設計開始，就設定「零廢棄」的目標。當產品的生命結束，不是淪為丟棄的命運，而可進入工業循環或生物循環，再度重獲新生。

生態循環的產品由生物可分解的原料製

◀位在夏威夷東北方的中途島，人煙罕至，是數百萬海鳥居住育雛的天地。多年前，科學家發現每年有大量的信天翁幼鳥離奇死亡，經解剖後發現，死亡幼鳥的腹內充滿各種彩色塑膠垃圾，包括許多塑膠瓶蓋，甚至有打火機和高爾夫球。原來是因為信天翁的親鳥誤將漂浮在海面上的塑膠垃圾，當成食物餵給幼鳥，造成幼鳥吃不到真正的食物，且消化不良，因而死亡。

▲黑潮、北太平洋洋流、加利福尼亞洋流、北赤道暖流，形成了太平洋上較大的順時針環流系統，同時將水流周邊的廢棄物帶入其中，造成漂浮物和破碎物累積，形成垃圾帶。其中最為人所知的是介於夏威夷與加州之間的太平洋垃圾帶。但太平洋西側與夏威夷群島以北海域，也有垃圾帶分布。

圖片來源：達志影像、NOAA、Shutterstock

成，例如以大豆或玉米做成的塑膠資材，能被微生物分解成二氧化碳和水，最後回歸生態循環提供養分。而工業循環的產品材料可持續回到工業循環，將可重新利用的材質再製成新的產品，像是利用回收的寶特瓶製成環保再生毛毯，也有球鞋公司將球鞋回收再利用，把舊鞋面磨成粉做為夾克、床墊填充

物，鞋底則加工製成運動場的地板。

日常生活中，免不了要使用大量用品、消耗大量資源，要怎麼做才能減少傷害地球與地球上的生物——包括我們人類自己在內？下次想要喝飲料之前，請先想想手上這個寶特瓶將來會去哪裡，或者是不是還有其他的選擇？ 🔬

簡志祥　新竹市光華國中生物老師，以「阿簡生物筆記」部落格聞名，對什麼都很有興趣，除了生物，也熱中於 DIY 或改造電子產品。

飄洋過海的「垃圾訊息」

國中生物教師　謝璇瑩

主題導覽

我們都知道淨灘是一項愛護地球的活動，但你知道我們在海邊撿到的垃圾，可能是從鄰近國家漂來的嗎？你又是否想過，淨灘收集到的垃圾資料經過科學分析，可看出哪些現象？

〈飄洋過海的「垃圾訊息」〉說明海洋垃圾從何而來、到哪兒去，這些垃圾對生態系帶來哪些影響，以及最重要的：我們應該如何做，才能減少海洋垃圾的數量。閱讀完文章後，可利用「挑戰閱讀王」來檢測自己對文章的理解程度；「延伸知識」中補充了洋流、黃色小鴨、海洋垃圾清理及中途島的簡單介紹，能夠幫助我們更了解文章主題！

關鍵字短文

〈飄洋過海的「垃圾訊息」〉文章中提到許多重要的字詞，試著列出幾個你認為最重要的關鍵字，並以一小段文字，將這些關鍵字全部串連起來。例如：

關鍵字： 1. 塑膠微粒　2. 國際淨灘　3. 太平洋垃圾帶　4. 食物鏈　5. 汙染物

短文： 經由國際淨灘活動，我們可以得到許多關於海洋垃圾的資料。海洋垃圾有一大部分是塑膠，經過陽光和波浪的作用變成塑膠碎片，困在北太平洋環流之中，成為巨大的太平洋垃圾帶。這些塑膠碎片更可能以塑膠微粒的形式進入食物鏈，直接塞住動物的消化道，或是吸附大量汙染物後進入生物體內，影響生物的生理機能。

關鍵字： 1.＿＿＿＿＿ 2.＿＿＿＿＿ 3.＿＿＿＿＿ 4.＿＿＿＿＿ 5.＿＿＿＿＿

短文： ＿＿＿＿＿＿＿＿＿＿＿＿＿＿＿＿＿＿＿＿＿＿＿＿＿＿＿＿＿＿＿＿＿＿＿

＿＿＿＿＿＿＿＿＿＿＿＿＿＿＿＿＿＿＿＿＿＿＿＿＿＿＿＿＿＿＿＿＿＿＿＿＿＿

＿＿＿＿＿＿＿＿＿＿＿＿＿＿＿＿＿＿＿＿＿＿＿＿＿＿＿＿＿＿＿＿＿＿＿＿＿＿

＿＿＿＿＿＿＿＿＿＿＿＿＿＿＿＿＿＿＿＿＿＿＿＿＿＿＿＿＿＿＿＿＿＿＿＿＿＿

挑戰閱讀王

閱讀完〈飄洋過海的「垃圾訊息」〉後，請你一起來挑戰以下題組。

答對就能得到👍，奪得 10 個以上，閱讀王就是你！加油！

☆ 2014 年的國際淨灘活動清出了 5600 公噸的垃圾，其中數量最多的是煙蒂，第二至十名則是以各式各樣的塑膠垃圾為主。2021 年，臺灣的荒野保護協會在全臺各地發起的淨灘行動，撿了超過 1 萬 8000 公斤的垃圾，其中 92.8％為塑膠製品，最多是塑膠瓶蓋，其次為寶特瓶、吸管、煙蒂！請回答下列有關淨灘活動的問題：

( ) 1. 請問「國際淨灘日」是下列哪一天？（答對可得到 1 個👍哦！）

　　①9 月的第二個星期六　②9 月的第三個星期六

　　③10 月的第二個星期六　④10 月的第三個星期六

( ) 2. 國際淨灘活動中，數量第一的垃圾「煙蒂」為何難以分解？（答對可得到 1 個👍哦！）

　　①煙草有毒，微生物難以分解　②煙草的細胞壁特別厚，因此難分解

　　③煙蒂其實是不易分解的合成纖維　④海洋環境不適合微生物分解煙蒂

( ) 3. 臺灣的海洋廢棄物中，大多數為下列何者？（答對可得到 1 個👍哦！）

　　①玻璃罐　②紙袋　③保麗龍碎片　④塑膠製品

☆海洋垃圾隨著洋流到處漂流，有些受到陽光照射或波浪作用而成了塑膠碎片，之後困在北太平洋環流中，形成巨大的太平洋垃圾帶？請試著回答下列相關問題：

( ) 4. 根據科學家開船撈網的調查結果推測，整片太平洋垃圾帶的大小約是多少？（答對可得到 1 個👍哦！）

　　①約 3 萬 6000 平方公里　② 將近 50 萬平方公里

　　③約 70 萬平方公里　④約 160 萬平方公里

( ) 5. 太平洋垃圾帶難以用衛星影像的方式來進行調查，原因為下列何者？（答對可得到 1 個👍哦！）

　　①塑膠難以用衛星辨識

　　②衛星觀察範圍無法涵蓋整個太平洋

③塑膠碎片太細小且可能在海洋深處漂流而無法顯示在影像上

④洋流流速太快無法用衛星進行攝影

( )6.依據文中所述,目前科學家研究調查太平洋垃圾帶,主要是採取下列何種
方式?(答對可得到 1 個👍哦!)

①使用聲納偵測海洋碎片分布　②直接搭乘船隻在海上進行採樣

③使用潛水艇潛入海中進行研究　④在海岸設置雷達進行研究

( )7.下列何種大小的塑膠顆粒,在海洋塑膠廢棄物中所占比例最高?(答對可
得到 1 個👍哦!)

①尺寸大於 25mm 的大塊塑膠　②尺寸介於 5～25mm 的中片塑膠

③尺寸介於 1μm～5mm 的微粒塑膠　④尺寸小於 1μm 的奈米塑膠

☆海洋塑膠廢棄物經由動物攝入後進入食物鏈,進而對生物及生態產生影響。研究
報告指出,已確定全球至少有 170 種海洋生物會攝入塑膠碎片,包括旗魚、黑鮪
魚、龍蝦、淡菜等餐桌上常見的海鮮。被攝入的塑膠顆粒可能直接塞住海洋生物
的消化道,使牠們消化不良而死亡;塑膠顆粒本身也可能吸附大量的有毒汙染物,
經由食物鏈傳給下一位攝食者。請問:

( )8.若有一條食物鏈是:「浮游生物→飛魚→鬼頭刀」,則這條食物鏈中,何
者體內會累積最多數量的塑膠微粒?(提示:經由攝食進入動物體內的塑
膠微粒無法被消化。)(答對可得到 1 個👍哦!)

①浮游生物　②飛魚　③鬼頭刀　④一樣多

( )9.承上題,如果吸附在塑膠微粒上的汙染物也無法被動物所分解,只能累積
在生物體內,請問在這條食物鏈中,何者體內會累積最多的汙染物?(答
對可得到 1 個👍哦!)

①浮游生物　②飛魚　③鬼頭刀　④一樣多

( )10.為了從根源上解決海洋塑膠垃圾的問題,有學者提出「搖籃到搖籃」的概
念。請問下列何種行為合乎此概念的精神?(答對可得到 2 個👍哦!)

①鼓勵消費者減少使用塑膠袋　②企業設計與生產能進入生物循環的產品

③攜帶環保餐具　④多參與淨灘活動

延伸知識

1. **洋流**：海洋中的水並非靜止，而是一直在流動，其中規模較大、流向穩定的流動海水稱為洋流。洋流中，由低緯度海域流向高緯度海域的稱為暖流，如臺灣東部海域的黑潮；由高緯度海域流向中低緯度海域的，稱為寒流（可參照文中世界洋流分布圖，觀察寒流與暖流的流向）。

2. **黃色小鴨**：西元 1992 年，一輛載著 2 萬 9000 多隻塑膠黃色小鴨的貨櫃船，在北太平洋發生船難。船隻載運的貨櫃毀損後，這 2 萬 9000 多隻黃色小鴨就此隨著洋流漂移，成為科學家研究洋流的標的物。

3. **海洋垃圾清理**：世界各國都有人提出清理海洋垃圾的想法。目前較為人所知的有：在美國巴爾的摩港口的大型垃圾攔截器「垃圾輪先生」、荷蘭非營利組織「海洋清理」（Ocean Cleanup）使用的海洋清理系統等。不過相較於每年產生的海洋垃圾量，目前為止還沒有一個真正有效率的海洋垃圾清理方式。

4. **中途島**：中途島是位於美國夏威夷西北方的小島，也是許多海鳥的棲息地。但有許多塑膠垃圾洋流沖刷到島上，而數量眾多的海鳥因為誤食塑膠而死亡。其他眾多海島也面臨類似問題，如南太平洋的無人島「亨德森島」，也因聚集大量塑膠垃圾，嚴重影響當地生態。

延伸思考

1. 臺灣也有學者針對臺灣的海洋垃圾進行研究。上網搜尋看看，臺灣海洋垃圾的來源及組成，是否與文章中提到的情況相同？並請列表加以比較。

2. 請搜尋「中途島」與「塑膠垃圾」，看看中途島的生態如何受到塑膠垃圾影響。請再搜尋：臺灣的沿海生態又是如何受到海洋塑膠廢棄物的影響。請你試著解釋，「搖籃到搖籃」的概念如何減少塑膠垃圾對生態的影響？

3. 許多不同的國家、團體，都提出一些清理海洋垃圾的可能辦法。請搜尋看看，有關減少海洋垃圾，目前為止有誰做了哪些努力？並請選擇你覺得可行性最高的一個方式，介紹給身邊的人，並向對方說明你的選擇理由。

找回翱翔的老鷹

曾經常見翱翔於天際的老鷹，
在臺灣已被列為珍貴稀有的保育類野生動物。
造成牠們生存危機的，不是別人，正是我們人類！

撰文／林惠珊

翱翔天際的老鷹曾是臺灣常見的風景，但現在數量卻愈來愈稀少，背後的原因是什麼呢？

老鷹抓小雞的遊戲你或許玩過，但你看過真的老鷹嗎？牠們是一種猛禽，嘴喙很利、爪子很尖、雙眼銳利炯炯有神，張開翅膀飛行時又帥又酷。不過，大家慣稱的「老鷹」其實是俗名，牠們的本名是「黑鳶」。在四、五十年前，黑鳶曾是臺灣最常見的猛禽，如今數量卻大幅減少，牠們翱翔天際的英姿也變得罕見。

圖片來源：謝季恩；繪圖：林麗娟

但放眼全世界，黑鳶的總數量其實非常多，國際自然保育聯盟（IUCN）粗略估計全球的黑鳶有上百萬隻。只是在臺灣，牠們卻被列為珍貴稀有保育類野生動物。臺灣黑鳶的數量最早由沈振中老師在 1992 年開始調查，當時全臺還不到 200 隻。2022 年的冬季調查則顯示，黑鳶數量為 879 隻，雖然呈現增加的趨勢，但仍是珍貴稀有保育類野生動物。相較於阿公阿嬤小時候曾是多到無法計數的老鷹們，現在的數量已銳減到可清點計算的程度。

和人類相鄰而居

臺灣的黑鳶主要分布在海拔 1000 公尺以下的低海拔山區、依山傍水的平原。這些地方往往與人類居住的範圍相鄰且重疊，也是人為開發及活動較頻繁的區域，因此黑鳶的棲地很容易受到人類活動影響。牠們白天會在山區附近的平原活動，在農村、魚塭、開闊的水域來回巡弋、找尋食物或遊戲。到了傍晚，則成群夜棲在低海拔的淺山地區，站在樹枝上休息睡覺。已知黃昏聚集地點的黑鳶族群，主要分布在基隆港、北海岸、翡翠水庫、曾文水庫，以及屏東山區。

黑鳶晚上歇息的地方通常是接近水域且較少人為干擾的淺山森林，擁有較高的植被密度。進入繁殖期的黑鳶，則會在山壁上或密林內找尋適合的大樹築巢，並在鄰近的樹林、農村、水域間找尋食物，餵養後代。

老鷹的呼救

臺灣的黑鳶數量為什麼會變得那麼少？造成牠們生存危機的不是別人，正是我們。

沈振中先生曾花費大量心力與時間進行黑鳶的生態觀察，從他 1993 年出版的《老鷹的故事》一書中，對黑鳶數量銳減的原因可窺知一二。根據書中記錄，當時，黑鳶群天天飛返夜棲睡覺的山頭，被整個挖掉並開發出一條道路；另外他也記錄到，有隻黑鳶在繁殖期間返回巢中時，誤中獵人的捕獸夾而枉死。其實，研究團隊也曾陸續發現，有黑鳶遭人非法飼養，這些人為干涉都對黑鳶的

黑鳶小檔案

學名：*Milvus migrans*
身長：58~69 cm
翼展：157~162 cm

深褐色的中型猛禽，尾部略微分叉，類似魚尾，叫聲為頗長的嘯聲。

除了繁殖季外，常群聚，有追逐、搶樹枝等互動行為。黃昏時常群聚盤旋，有「晚點名」之稱。被歸類為食腐性猛禽，常出沒於垃圾場、漁港，偏好撿食人類丟棄的禽畜及海鮮內臟，以及死魚、小動物死屍。但也具有獵捕能力。

生存造成了重大威脅。

　　黑鳶主要的活動範圍在低海拔山區，這裡的樹林往往最容易遭到砍伐，整地後成為種植蔬果的田地。當人類活動密度增加，尤其是道路及高密度的住宅進入山區後，黑鳶就必須遷移到其他地方夜棲及繁殖。

　　此外，臺灣部分山區地質脆弱，崩塌狀況普遍，以 2009 年屏東山區歷經八八風災肆虐為例，黑鳶原本繁殖的山頭發生走山，土石大量崩落及植被滑動，使黑鳶失去了適合築巢的大樹及充足的植被，無法在該地繼續築巢繁殖，而必須移居他處。

農藥是間接殺手

　　物種的消失往往不是單一原因造成，除了適合的棲地減少、不肖人士的非法盜獵之外，環境汙染也是相當嚴重的問題。研究團隊透過檢驗死亡的黑鳶屍體，發現環境中大量施用的農藥「加保扶」及殺鼠劑，也是造成黑鳶死亡的兇手。

　　加保扶俗稱「好年冬」，是一種殺蟲劑，分成粒劑、水懸劑和粉劑，在美國及歐盟各國是禁用的農藥，但臺灣過去只禁用高毒性的粉劑，粒劑的使用範圍非常廣大。在環保呼聲漸高之下，現在臺灣只開放使用低濃度的粒劑，相對來說毒性減低不少。

　　加保扶除了可殺死害蟲，對鳥類來說毒性也相當高，微量的加保扶就足以造成鳥類大量死亡。為了保護農作收成，有少數農民會將加保扶加在稻穀中，製成毒稻穀，放在田邊吸引鳥類取食，用來毒殺麻雀和斑鳩，以減少稻米或其他作物受到的損害。但黑鳶是

◀將農藥加保扶摻入稻穀中吸引鳥類前來食用，往往會引發鳥類大規模死亡。左圖為大量麻雀中毒身亡。斑鳩也常是農藥毒害的對象，死後可能成為黑鳶的食物。上圖中的黑鳶正撿拾一隻中毒的紅鳩後飛離。

圖片來源：謝季恩、洪孝宇　繪圖：林麗娟

稻米 ▶ 麻雀 ▶ 老鷹

▲由「稻米－麻雀－老鷹」組成的食物鏈，也是農藥經由生物累積的路徑。

喜歡吃腐肉的鳥類，會受到死亡的麻雀及斑鳩吸引，也會連帶中毒死亡。

曾有民眾在 2012 年通報撿到兩隻黑鳶的屍體，經解剖後發現是農藥加保扶中毒而死，後續的田間紀錄更發現，高屏地區的調查中，約有 100 多處的紅豆田區發現有大量鳥類被毒死的現象，有一塊 18 公頃的紅豆田區裡，甚至曾撿拾到超過 3000 隻的各種小型鳥類屍體。同時我們也直接目擊黑鳶造訪田區，撿拾被毒死的鳥類後飛離。其實這種現象不僅局限在紅豆田，全臺各地農田為了避免鳥類造成的作物損失，多多少少都有這類違法施行毒餌的狀況。

另外，民間常常施用的殺鼠劑是一種抗凝血劑，吃到殺鼠劑的鼠類約在兩、三天後會因為體內出血死亡，但在死亡期限到來之前，牠們可能因為虛弱而遭捕食，吃到毒老鼠的猛禽也會連帶中毒喪命。

大量使用殺鼠劑的環境包括居家、雞舍、穀倉、農地。為了了解殺鼠劑的使用是否對黑鳶造成危害，研究人員與屏東科技大學保育類野生動物收容中心及獸醫院合作，蒐集猛禽屍體，發現八隻猛禽中有五隻體內殘留殺鼠劑的成分，其中一隻即為黑鳶。另有一次接獲通報，發現有隻黑鳶奄奄一息，經急救後不治死亡，解剖後發現這隻猛禽腎臟腫脹、胃出血。

殺鼠劑原先的作用是殺死攜帶病菌的老

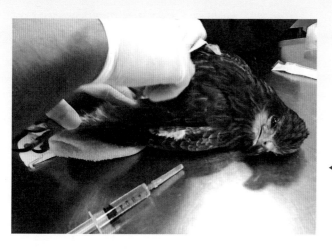

◀這隻黑鳶因老鼠藥中毒而被急救中，但最後仍不治死亡。

鼠，降低鼠害造成的農業損失或財產損失，不過當我們以殺鼠劑對付老鼠時，卻忽略瀕死的老鼠可能被犬貓、石虎、猛禽及其他小動物獵捕食用，造成老鼠以外的動物死亡。

寂靜的生態環境

農藥及殺鼠劑透過鳥類及鼠類進入黑鳶體內，造成黑鳶的死亡，這種現象稱為「次級毒殺」。雖然黑鳶並非人類想去除的對象，卻因人類而死。相同的，農藥也為環境帶來汙染，使得蜜蜂因採食到含有農藥的花蜜而迷途死亡、螢火蟲及蝴蝶等昆蟲消失、蝙蝠也可能因為吃到有毒昆蟲而慘遭毒手。受影響的不只有陸地生態，經下雨沖刷後，土壤中的農藥會進入水循環，進一步對溝渠溪澗的兩棲類、螺類、魚蝦造成毒害。

當藥物使用過量，或是汙染程度嚴重到超過環境的負荷，生態環境將因而惡化。土壤、水、各種植物及動物的生活彼此緊緊相扣，一旦環境用藥使食物鏈出了問題，將導致許多生命喪失，不只是老鷹跟著中毒，最後連帶人類也會受到影響。

自從確認農藥及殺鼠藥對黑鳶的威脅及危害，在環保團體的努力下，高濃度的加保扶已被禁用，政府也建議農民使用其他替代方案驅趕雀鳥，如：鞭炮、反光彩帶或廢棄光碟片、稻草人、旗幟、防鳥網、以細綿繩加鋁罐製造聲響，或使用鷹眼氣球等，但須輪替使用，以免雀鳥習慣而失效。

過去各縣市在 10～11 月間都會舉辦全民滅鼠週，提供大量滅鼠藥，但現在改由各縣市政府視情況決定，不再由中央統一免費發放，以減少鼠餌的用量，並找尋危害較低的替代用藥，鼓勵採行無毒的防鼠策略。

許多守護土地環境的人，正努力發展友善農法及有機農業，這些農夫的數量逐年增加，也有愈來愈多消費者，願意購買價格稍高、但採取友善環境方式耕種的作物，如許多人都知道的「老鷹紅豆」。

此外，許多人過去未曾留意自然環境長期遭受破壞的惡劣狀況，而今才發現黑鳶大量消失而希望能夠伸出援手，並找回失去的自然美景。當人們心中萌生關愛環境的想法，自然不再隨意做出破壞環境的行為，這也正

圖片來源：李慧宜；繪圖：林麗娟

是黑鳶族群復甦的希望。

　　有一首臺語童謠是這樣念的：「來葉來葉
飛高高，囝仔趕緊中狀元；來葉來葉飛低
低，囝仔趕緊當老爸；來葉來葉飛上山，囝
仔快做官。」童謠中的「來葉」指的便是黑
鳶，當黑鳶的數量變少，老鷹抓小雞的遊
戲、老鷹童謠、有關自然美景的兒歌，也將
從此成為回憶，或不復記憶。

　　放眼四周，如果環境中只剩下都市與高樓
大廈，工業區只有煙囪廢氣與排出的汙水，
而農村裡再也沒有土地可供動物棲息，我們
會不會漸漸忘記，其實更美好的生活，需要
有許多野生動物及植物，與我們一同生活在
臺灣這片土地。

　　溪流中有魚有蝦，天空中有群鳥飛翔、老
鷹展翅……讓我們為自然環境努力，一起找
回臺灣天空中失落的老鷹。　　科

■用綁彩帶（上）或施放鞭炮（下）等方法，一樣
　可以達到驅鳥的效果，卻可避免無辜的黑鳶死於
　次級毒殺。

作者簡介

林惠珊　屏東科技大學野生動物保育所鳥類生態研究室研究員，同時擔任台灣猛禽研究會的黑鳶研究小
組召集人，於 2010 年接下「老鷹先生」沈振中過去觀察臺灣黑鳶 20 年的資料後，接續召集進行黑鳶相
關研究及調查。

找回翱翔的老鷹

國中生物教師　謝璇瑩

主題導覽

　　在祖父母小時候，黑鳶曾多到無法計算，現在為什麼會大量減少，最終成為臺灣珍貴稀有保育類野生動物？人類在這件事中扮演了什麼角色？又要怎麼做才能扭轉局勢，幫助黑鳶族群數量重新恢復呢？

　　〈找回翱翔的老鷹〉介紹了人類的干擾如何使黑鳶數量大幅減少，也說明針對這種狀況有過哪些努力和彌補，並建議如何盡一份心力，協助恢復黑鳶族群。閱讀完文章後，可利用「挑戰閱讀王」來檢測自己對這篇文章的理解程度；「延伸知識」中補充說明什麼是猛禽，並簡單介紹國際自然保護聯盟及生物放大作用，可幫助你更深入理解這篇文章！

關鍵字短文

　　〈找回翱翔的老鷹〉文章中提到許多重要的字詞，試著列出幾個你認為最重要的關鍵字，並以一小段文字，將這些關鍵字全部串連起來。例如：

關鍵字：1. 保育類　2. 棲地破壞　3. 友善農法　4. 環境汙染　5. 次級毒殺

短文：原本數量眾多的黑鳶，受到人類開發低海拔淺山區造成的棲地破壞、非法盜獵等人為干擾，以及農藥和殺鼠劑造成的環境汙染和次級毒殺等原因，使得族群數量迅速減少，如今已成為臺灣的珍貴稀有保育類野生動物。當我們了解這些原因後，可以轉而選購使用友善農法的有機農產品，減少對環境的破壞，希望有朝一日能恢復黑鳶族群的數量。

關鍵字：1.＿＿＿＿　2.＿＿＿＿　3.＿＿＿＿　4.＿＿＿＿　5.＿＿＿＿

短文：＿＿＿＿＿＿＿＿＿＿＿＿＿＿＿＿＿＿＿＿＿＿＿＿＿＿＿＿＿＿＿＿＿

＿＿＿＿＿＿＿＿＿＿＿＿＿＿＿＿＿＿＿＿＿＿＿＿＿＿＿＿＿＿＿＿＿＿＿＿＿

＿＿＿＿＿＿＿＿＿＿＿＿＿＿＿＿＿＿＿＿＿＿＿＿＿＿＿＿＿＿＿＿＿＿＿＿＿

＿＿＿＿＿＿＿＿＿＿＿＿＿＿＿＿＿＿＿＿＿＿＿＿＿＿＿＿＿＿＿＿＿＿＿＿＿

挑戰閱讀王

閱讀完〈找回翱翔的老鷹〉後，請你一起來挑戰以下題組。

答對就能得到👍，奪得 10 個以上，閱讀王就是你！加油！

☆俗稱老鷹的黑鳶，會吃死亡的小動物屍體。牠們在 1970 年代前是臺灣農村、平原一帶常見的猛禽，然而 1980 年代前後數量突然大減，短短數十年間從普遍可見變成珍貴稀有。2012 年，屏科大鳥類生態研究室從兩隻中毒的黑鳶體內，檢驗出農藥加保扶的成分，揭露有些農民為避免鳥類造成農作物損失，使用農藥毒殺小型鳥類，進而危及黑鳶。儘管黑鳶不是毒殺目標，卻因撿拾鳥屍食用而間接中毒死亡。請你試著回答下列相關問題：

( )1.有關黑鳶的生存環境及活動區域，下列敘述何者正確？（答對可得到 1 個👍哦！）

①居住在人煙罕至的山區 ②夜晚會棲息在淺山森林

③在灌木叢中築巢 ④白天主要在森林中活動

( )2.請問下列何者並非黑鳶在臺灣受到保育的原因？（答對可得到 1 個👍哦！）

①黑鳶被國際自然保育聯盟列為珍貴稀有保育動物

②黑鳶的棲地因人類開發而大幅縮減

③非法盜獵與飼養影響黑鳶生存

④黑鳶食用遭毒殺的小型鳥類而連帶中毒死亡

( )3.農民將稻穀浸泡在農藥中，再放置田邊吸引小型鳥類取食。小型鳥類取食一定數量的稻穀後中毒死亡，黑鳶再取食死亡的小型鳥類而中毒。以上農藥的傳遞過程可寫成「稻穀→小型鳥類→黑鳶」，請試著從上文中判斷，這三種生物中，何者體內累積的農藥總量最多？（答對可得到 1 個👍哦！）

①稻穀 ②小型鳥類 ③黑鳶 ④一樣多

☆農民使用農藥的目的並非毒殺黑鳶，而是為了減少小型鳥類取食農作物。但農藥會藉著黑鳶取食小型鳥類而進入黑鳶體內，造成黑鳶死亡，這種現象稱為「次級毒殺」。請你回答下列相關問題：

（　　）4. 在農地使用農藥，會影響下列哪些生物？（答對可得到 2 個👍哦！）

①在農地採蜜的蜜蜂　②鄰近小溪中的蝌蚪

③取食農作物的麻雀　④以上皆是

（　　）5. 臺灣農田裡可見到老鼠啃食農作物、石虎捕捉老鼠的情況。當農民使用農藥或殺鼠劑毒殺老鼠時，下列哪種生物會遭遇次級毒殺的困境？（答對可得到 1 個👍哦！）

①農作物　②老鼠　③石虎　④以上皆是

（　　）6. 下列何者並非次級毒殺的例子？（答對可得到 1 個👍哦！）

①水雉食用被殺蟲劑毒殺的昆蟲

②蛇的體內驗出殺鼠劑

③貓頭鷹食用因殺鼠劑而衰弱的老鼠

④人類為了防止疾病散播而毒殺老鼠

（　　）7. 下列方式中，何者無法減少黑鳶遭受次級毒害？（答對可得到 2 個👍哦！）

①禁止獵捕黑鳶　②使用廢棄光碟片驅鳥

③取消滅鼠週　④使用對黑鳶沒有影響的滅鼠藥

☆農民為了防鼠害而在稻田大量施用老鼠藥，間接造成當地老鷹因誤吃鼠屍，慘遭毒害而漸漸消失。為了挽救老鷹族群，生態研究者架設猛禽用的棲架，將原本主要在山林活動的「黑翅鳶」引進田裡，幫忙巡田驅鼠。如果黑翅鳶能常常停留在農田上方，老鼠便不敢再到田裡。稻田損害減少，農民就會減少、甚至不再使用老鼠藥，也就可避免老鷹誤吃毒死的老鼠而中毒。請根據文章回答下列問題：

（　　）8. 黑翅鳶在生態系中扮演的角色，與下列何種生物較為相近？（答對可得到 1 個👍哦！）

①稻子　②老鼠　③麻雀　④黑鳶

（　　）9. 下列何種方式，對於鼓勵農民利用黑翅鳶進行老鼠防治，具有最好的效果？（答對可得到 2 個👍哦！）

①向農民介紹黑翅鳶生態　②選購黑翅鳶友善農法生產的稻米

③在學校課程教導農藥的危害　④常常進行農田環境監測

延伸知識

1. **猛禽**：指的是凶猛的鳥類，分類上包括老鷹和貓頭鷹兩大類。牠們是生態系中的掠食者，以捕食其他動物維生。數目相對較少，但可控制生態系中小型動物的族群量，因此對於維持生態系平衡非常重要。大型猛禽常會借助上升氣流進行飛行，若看見利用上升氣流盤旋飛行的大鳥，很可能就是猛禽。

2. **國際自然保育聯盟（IUCN）**：世界上規模最大、歷史最悠久，且最具影響力的全球性非營利自然生態保育機構。國際自然保育聯盟最為人所知的工作是：編制並發布「瀕危物種紅色名錄」（簡稱「紅皮書」）。這個名錄會評估全球上萬種動物的生存狀況，不定期更新結果，是進行物種保育的重要參考。在臺灣，保育物種則由行政院農委會、海委會公告。

3. **生物放大作用**：環境中，難以被生物分解的有毒汙染物，會在生物攝食的過程中逐漸累積。例如食物鏈若是「稻穀→麻雀→老鷹」，首先由稻穀吸收有毒的物質，麻雀在攝食稻穀的過程中會吃進汙染物，最後老鷹吃到有毒的麻雀，體內因而累積最多的有毒成分。 這種有毒物質進入食物鏈後，會在食物鏈最頂端的生物體內累積最多的現象，稱為生物放大作用。

延伸思考

1. 希望更進一步認識猛禽嗎？從 2017 年開始，大安森林公園在每年 3 ～ 6 月鳳頭蒼鷹育雛期間，都有相關直播，也有精彩畫面回顧可觀賞。請上網搜尋大安森林公園的鳳頭蒼鷹直播，並想一想：這類活動對於生態保育有何意義？試著說出你的看法。

2. 黑鳶的族群數量，在透過報導及許多人的努力後，已經漸漸回升。請上網搜尋相關報導，並統整與列出黑鳶族群增加的可能原因。

3. 全臺各地都有適合觀賞猛禽的地點與時間，請上網搜尋離你家最近的觀賞點在哪裡？以及什麼時候是觀賞猛禽的好時機？選好時間出發賞鷹吧！

孟德爾

遺傳學之父

- 1822 年出生於奧地利的海因贊村。
- 16 歲進入奧爾茅茲短期大學就讀。
- 21 歲進入聖湯瑪斯修道院成為修士。
- 29 歲開始在維也納大學學習物理、數學、生物學。
- 35 歲開始進行為期八年的豌豆雜交實驗。
- 43 歲在自然科學協會上報告實驗結果；隔年在協會學報上發表《植物雜交實驗》。
- 46 歲當選聖湯瑪斯修道院院長。
- 61 歲辭世。

孟德爾（Gregor Mendel）發現豌豆特徵的遺傳具有規則，
並把遺傳因子的概念引進生物學，但這項研究在他過世十幾年後才受到重視。
從此，遺傳學進入了孟德爾時代。

撰文／水精靈

西元 1832 年的某一天，在奧地利海因贊村的一座果園內，十歲大的孟德爾正在幫忙父親嫁接果樹。孟德爾的父親是非常出色的果樹栽種與嫁接達人，附近的果農經常向他請教。孟德爾從小跟父親學習了各種農活，掌握不少植物栽培和管理等方面的知識。

他曾經問父親：「將蘋果樹枝嫁接到桃樹上，為什麼能長成粗壯的枝幹並結出香甜的果實呢？」

「孩子，我也不知道為什麼！可能是『樹木的本性』，也就是人們稱為『遺傳』的那種性質吧！」

「遺傳？究竟『遺傳』是什麼呢？」孟德爾覺得事情並不單純。

童年的嫁接經驗和對農作物的觀察，在孟德爾幼小的心靈裡烙下了深深印記。也許是因為這樣的成長環境，引導他日後藉由培育植物探索遺傳法則，成就他成為舉世聞名的遺傳學家。

中學時代的孟德爾學業成績出類拔萃，但生活卻極其辛苦，時常勒緊褲帶、餓著肚子上課。因為他的父親在一次意外中受到重傷而無法工作，全家的經濟從此陷入絕境。孟德爾曾寫道：「為此焦躁不安，苦惱湧現，面對未來的悲慘，日以繼夜永無安寧⋯⋯」

16 歲那年，繳不出學費的孟德爾被迫自尋生計，找了一份家教工作，想以工讀方式來完成學業，然而家境的困苦，使他無法繼續升學。妹妹不忍心看到哥哥中斷學業，便提供自己的嫁妝做為他的學費，使孟德爾得以進入一所短期大學念書。孟德爾非常珍惜這個得來不易的機會，靠著韌性與努力，繼續讀書，同時兼家教維持生計。

由於經常三餐不繼，加上還得負擔家裡的經濟，孟德爾常因營養不良而生病，但總憑著堅強的意志克服一切，從中學到大學，他都以優異的成績畢業。

有句話說：「態度決定一個人的高度，格局決定一個人的結局。」但對孟德爾而言，卻是「口袋的深度決定了饑餓的程度，一個人的境遇決定了所選擇的職業。」為了解決緊迫的貧窮問題，他後來進入奧古斯汀聖湯瑪斯修道院成為修士。

教師孟德爾？

聖湯瑪斯修道院十分獎勵研究，列入研究的學科包括哲學、數學、音樂、科學和文學，對於家貧、卻喜歡求學的孟德爾而言，無異是得天獨厚的環境。不久，孟德爾接受修道

圖片來源：Walls, Sarah, "Johann Gregor Mendel（1822–1884）". Embryo Project Encyclopedia
（2022-01-13）. ISSN: 1940-5030 http://embryo.asu.edu/handle/10776/13315.

院的指示進入布魯恩的神學院。除了研究神學，他也常利用課餘時間到別的學校學習經濟學及果樹的栽培方法。

孟德爾由神學院畢業後，被派到教會當神父，但神父是一份需要面對人們悲慘痛苦的工作，孟德爾很難承受這樣的精神壓力，覺得自己更適合做研究和教書。因此當了一年神父後，神學院院長將他轉介到一所新成立的高級中學，擔任約聘的代課教師。

當過家教的孟德爾教學經驗豐富，十分適合這份工作，他認真負責且深受學生歡迎。後來，孟德爾接到學校的通知，要他參加正式教師的聘用考試。然而，孟德爾的知識多半靠自修得來，無法應付考試。物理學是他所擅長，表現得沒問題，但生物學就慘不忍睹了，考官甚至給他這樣的評語：「答案寫得跟小學生一樣！」

不過，物理學的考官相當認可孟德爾在自然科學的潛力與才能，建議院長讓孟德爾到大學進修。於是，年近三十的孟德爾前往維也納大學重新當學生。他跟著發現都卜勒效應的都卜勒（Christian Doppler）學習數學和物理學；生物方面，則跟著一位教授研究植物學。

完成大學學業後，孟德爾回到布魯恩的一所專科學校任教，在那裡工作了 14 年，並在教學之餘回到修道院做研究。著名的「孟

▲孟德爾（站立者右二）與聖湯瑪斯修道院的其他修士合影，約於 1862 年。孟德爾手中拿著雜交實驗用的植物。

德爾定律」就是在這段期間發展出來。

34 歲那年，孟德爾再次參加教師資格考試，結果還是不合格。但塞翁失馬，焉知非福，雖然他未取得正式教師資格，生物學知識也不深厚，但正是因為沒有既定的知識框架，他才可能發展出超越時代的思維與實驗，也證明了「學力比學歷更重要」！

小小花園的偉大發現

教師考試失利後，孟德爾在修道院的後花園裡，展開長達八年的豌豆雜交實驗，證明親代的特徵會遵循某種定律遺傳給下一代。這在當時可是破天荒的想法，因為人們認為「遺傳就是這樣啊！沒什麼好奇怪的。」

孟德爾並不是沒有由來的選擇豌豆，之所以選用豌豆為實驗材料，是因為豌豆生長期短，播種後約三個月便開花結果；此外，豌豆易於雜交，產生的種子仍具生殖能力。更重要的是，孟德爾知道豌豆為自花授粉，適

合用來進行人工授粉的試驗。

孟德爾首先找來 34 個品種的豌豆，從中挑選出 22 個品種用於實驗。他觀察到豌豆的七項特徵：種子形狀、種子顏色、花色、豆莢形狀、豆莢顏色、花的位置與莖的高矮，各具有兩種可相互區分的穩定性狀，例如紫花或白花、種子為圓形或皺皮等等。他讓豌豆自花授粉數代，若性狀持續保持不變，如一直為高莖或一直為矮莖，則為「純品系」，可用來進行後續的雜交實驗。他把性狀不同的純品系豌豆雜交，如高莖和矮莖，則這兩個植株稱為親代，產出的後代為第一子代，第一子代自花授粉得出的後代為第二子代，依此類推。

孟德爾發現純品系高莖和矮莖豌豆雜交後，產生的第一子代全為高莖，但第一子代自花授粉產下的第二子代，卻有四分之一為矮莖，其他四分之三為高莖。這些矮莖豌豆自花授粉後只產下矮莖，但高莖豌豆的狀況卻不同，其中三分之一只產出高莖豌豆，另外三分之二產下的子代中，高莖和矮莖的比例和第二子代一樣，都是 3：1 左右。

孟德爾認為，這是因為高莖性狀較強，掩蓋了矮莖性狀。但矮莖性狀其實沒有消失，只是暫時隱藏起來，待再次交配產生子代時才顯露出來。孟德爾把這種顯性支配隱性的現象命名為「隱顯法則」，或稱為「顯性定律」。每一植株都具有兩個決定高矮性狀的因子，高莖的因子是顯性（以大寫 A 表示），矮莖的因子是隱性（以小寫 a 表示）。

親代中的純品系高莖植株具有兩個高莖因子（AA），矮莖具有兩個矮莖因子（aa），而第一子代全是一高一矮的因子（Aa），表現出來則全是高莖。

第一子代自花授粉得到的第二子代，可能是 AA 高莖、aa 矮莖或 Aa 高莖植株。AA 高莖植株自花授粉生出的全都是 AA 高莖，aa 矮莖植株生出的全是 aa 矮莖。但如果是 Aa 高莖植株，生出的子代則高莖與矮莖都有，其中高莖約占總數的四分之三，因子可能是 AA 或 Aa，矮莖約占總數的四分之一。

孟德爾對豌豆的七對性狀進行相同實驗，得到的結果都相同：顯、隱性的表現比例相

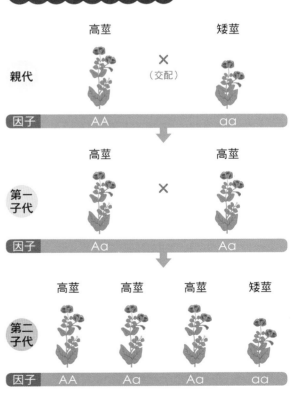

孟德爾豌豆雜交實驗

當於 3：1。孟德爾就實驗結果推論，豌豆具有可決定性狀表現的遺傳因子。

他進一步以動物做實驗，將白鼠和黑鼠交配，則第一子代全是黑鼠；再讓第一子代彼此交配，則第二子代有四分之一是白鼠。歸納後，孟德爾認為生物體內有「遺傳因子」（也就是現在說的「基因」），透過遺傳因子，親代的特性可傳遞給下一代。每一種單獨的特徵，例如豌豆的顏色或高矮，都由一

對遺傳因子決定，而這對遺傳因子則是由上一代的一對遺傳因子中，各繼承一個因子而湊成一對。

孟德爾在八年的時間內，進行了 225 次雜交實驗，得出 2 萬 9000 株豌豆，並進行龐大的數據統計處理。運用這樣的實驗方法需要極大的耐心和嚴謹的態度，但他卻樂此不疲，經常向前來參觀的人們說：「這些豌豆都是我的兒女！」

豌豆的七種特徵

特徵	種子形狀	種子顏色	花色	豆莢形狀	豆莢顏色	花的位置	莖的高矮
顯性	圓形	黃色	紫色	飽滿	綠色	腋生花	高莖
隱性	皺皮	綠色	白色	瘦縮	黃色	頂生花	矮莖

孟德爾實驗第二子代顯隱性表現比例

	種子形狀		種子顏色		花色		豆莢形狀		豆莢顏色		花的位置		莖的高矮	
親代	×		×		×		×		×		×		×	
第一子代														
第二子代														
個數	5474	1850	6022	2001	705	224	882	299	428	152	651	207	787	277
比例	2.96：1		3.01：1		3.15：1		2.95：1		2.82：1		3.14：1		2.84：1	

★實驗結果顯示，顯、隱性表現比例相當於 3：1

超越時代的研究

　　1865 年，孟德爾在布魯恩自然科學協會上報告研究成果，但竟然沒有人提問，因為全都聽不懂！隔年，他又在協會學報上發表的論文〈植物雜交試驗〉中，提出「遺傳因子」、「顯性性狀」、「隱性性狀」等重要概念，並說明其中的遺傳規律——也就是後來眾所周知的「孟德爾定律」。只是孟德爾的思維和實驗太超前了，大家對連篇的數字和繁複枯燥的論證顯得興趣缺缺。

　　遭遇如此挫折，起初孟德爾並不氣餒，他將論文寄給當時的植物學權威內格里（Carl Wilhelm von Nägeli），結果內格里給孟德爾的回信寫道：「關於你的論文，我提不出任何意見，因為我對豌豆實驗毫無所悉與了解。」這樣的回答如同對孟德爾潑了一盆冷水，幾乎澆熄他僅存的希望。

　　孟德爾發現生物遺傳的基本規律，並推導出相應的數學關係式，雖然這個遺傳學觀念今天看起來是理所當然，但當年的學者卻無法理解。那個時代的生物學家沒有「遺傳因子」的概念，加上當時生物學的主流是達爾文的演化論，孟德爾的研究並未受到重視。

　　後來，孟德爾當上修道院院長，繁忙的行政業務使他不得不減少科學研究的時間，為修道院與政府之間的稅務紛爭勞心勞力，最後於 1884 年因病去世，享年 61 歲。

　　「總有一天，我的時代會來臨的。」孟德爾晚年曾充滿信心的對好友這樣說道。

　　1900 年，孟德爾死後 16 年，荷蘭植物

天才意味著一生辛勤的勞動。

學家德弗里斯（Hugo de Vries）、德國的科倫斯（Carl Correns）和奧地利的切爾馬克（Erich Von Tschermak），三位學者各自「重新驗證」孟德爾的遺傳定律並大力宣傳，終使孟德爾的研究聞名於世，不僅讓遺傳學在世界各地星火燎原般發展，更讓孟德爾贏得「遺傳學之父」的美名。

　　孟德爾，這位現代遺傳學的奠基者，為人類文明進步做出巨大貢獻，他的名字堪與牛頓、伽利略、哥白尼、達爾文相提並論！儘管生前默默無聞，但他偉大的成就終究不被埋沒！　　　　　　　　　　　　　　　科

水精靈　隱身在 PTT 裡的科普神人，喜歡以幽默又淺顯易懂的方式與鄉民聊科普，真實身分據說是科技業工程師。

遺傳學之父——孟德爾

國中生物教師　江家豪

主題導覽

　　每個人求學的過程中，只要學到遺傳一定都會談到孟德爾。他利用豌豆雜交實驗提出的遺傳法則，至今仍被奉為圭臬。然而孟德爾並不是典型的科學家，早年在經濟壓力之下，他不得不半工半讀，人生中從事過許多工作，遺傳學研究也是在修道院中當神父時進行的。這樣傳奇的人生境遇，在今日也許稱得上「斜槓人生」，但在當年，他卻是個默默不得志的學者。

　　〈遺傳學之父——孟德爾〉介紹了孟德爾的生平事蹟和他著名的豌豆雜交實驗。閱讀完文章後，可利用「挑戰閱讀王」來檢測自己對這篇文章的理解程度；「延伸知識」中補充了遺傳物質、分離律與自由分配律等內容，可幫助你更深入理解文章內容！

關鍵字短文

　　〈遺傳學之父——孟德爾〉文章中提到許多重要的字詞，試著列出幾個你認為最重要的關鍵字，並以一小段文字，將這些關鍵字全部串連起來。例如：

關鍵字：1. 孟德爾　2. 豌豆　3. 雜交　4. 遺傳　5. 遺傳學之父

短文：孟德爾是奧地利的神父，他在修道院周遭種植豌豆，並透過雜交具有不同特徵的豌豆，分析親代和子代的特徵比例，耗費多年心力終於提出了遺傳規則。但由於他的研究運用到大量的數學推理，加上無法解釋遺傳因子到底是什麼，因此在當時並未受到重視。直到多年以後，他的研究重新受到審視與驗證，人們才發現孟德爾研究的偉大，並尊稱他為遺傳學之父。

關鍵字：1.＿＿＿＿＿　2.＿＿＿＿＿　3.＿＿＿＿＿　4.＿＿＿＿＿　5.＿＿＿＿＿

短文：＿＿＿＿＿＿＿＿＿＿＿＿＿＿＿＿＿＿＿＿＿＿＿＿＿＿＿＿＿＿＿＿＿＿＿＿＿

＿＿＿＿＿＿＿＿＿＿＿＿＿＿＿＿＿＿＿＿＿＿＿＿＿＿＿＿＿＿＿＿＿＿＿＿＿＿＿

＿＿＿＿＿＿＿＿＿＿＿＿＿＿＿＿＿＿＿＿＿＿＿＿＿＿＿＿＿＿＿＿＿＿＿＿＿＿＿

挑戰閱讀王

閱讀完〈遺傳學之父——孟德爾〉後，請你一起來挑戰以下題組。

答對就能得到👍，奪得 10 個以上，閱讀王就是你！加油！

☆孟德爾的一生有許多特別的際遇，請根據文章中對孟德爾生平的相關描述，回答
　下列問題：

（　　）1.根據文章所述，孟德爾出生於何處？（答對可得到 1 個👍哦！）

　　　　　①臺灣　②奧地利　③英國　④美國

（　　）2.關於孟德爾的生平描述，下列何者正確？（答對可得到 1 個👍哦！）

　　　　　①出生於教師世家　②曾當過代課教師

　　　　　③曾搭乘小獵犬號到南美洲　④發明顯微鏡

（　　）3.下列何者是孟德爾的研究成果？（答對可得到 1 個👍哦！）

　　　　　①提出細胞學說　②提出演化學說

　　　　　③提出遺傳法則　④發現 DNA 的結構

（　　）4.關於「遺傳學之父」的尊稱，下列敘述何者正確？（答對可得到 1 個👍哦！）

　　　　　①是為了紀念孟德爾破解遺傳物質 DNA 的結構

　　　　　②是孟德爾提出研究成果時，眾人給他的稱號

　　　　　③孟德爾本人並不知道自己有這樣的尊稱

　　　　　④是孟德爾自己給自己的封號

☆孟德爾利用豌豆進行一連串的雜交實驗，請根據文章中對此實驗的相關敘述，回
　答下列問題：

（　　）5.有關孟德爾豌豆雜交實驗，下列描述何者正確？（答對可得到 1 個👍哦！）

　　　　　①在一所短期大學的研究室中完成

　　　　　②整個研究過程耗時長達八年

　　　　　③用豌豆與其他豆類植物雜交

　　　　　④目的是改良豌豆的口感及產量

（　　）6.孟德爾之所以挑選豌豆作為研究材料，原因不包括下列何者？（答對可得到 1 個👍哦！）

①豌豆是自花受粉植物

②豌豆特徵對比明顯

③豌豆容易種植

④豌豆營養價值高

（　　）7.孟德爾幫親代高莖豌豆與矮莖豌豆進行人工授粉後，產生的子代種子種植後，表現的特徵為何？（答對可得到 2 個👍哦！）

①一半高莖一半矮莖

②全都是高莖

③全都是矮莖

④高莖大概是矮莖的三倍

☆根據孟德爾遺傳法則的內容，請試著推理下列相關問題：

（　　）8.若有兩株水稻都不具香味，但雜交後產生的部分子代水稻卻帶有香味，則關於香味這個特徵的遺傳描述，何者正確？（答對可得到 2 個👍哦！）

①具有香味必為顯性特徵

②親代水稻一定不具有香味的遺傳因子

③子代中不具香味的比具香味的多

④單純是環境因素造成，無法做任何推論

（　　）9.已知一隻黑毛老鼠的遺傳因子組合為 Aa，另一隻白毛老鼠的遺傳因子為 aa，若毛色遺傳符合孟德爾提出的遺傳法則，則下列敘述何者正確？（答對可得到 2 個👍哦！）

①黑毛對白毛來說是隱性

②兩隻老鼠雜交後的子代不會有白毛特徵

③兩隻老鼠雜交後的子代，黑毛、白毛比例大約各半

④兩隻老鼠雜交後的子代全為白毛

延伸知識

1. **遺傳物質**：孟德爾當年研究時，並不清楚遺傳物質是何物，僅以遺傳因子來稱呼這個神祕物質。現今已知遺傳物質由去氧核糖核酸（DNA）組成，而一個帶有特定遺傳訊息的 DNA 片段，便稱為「等位基因」。在一般具有雙套染色體的生物體內，等位基因會成對存在，與孟德爾當時所假設的「遺傳因子成對存在」相符。

2. **分離律**：孟德爾遺傳研究中的重要發現，他認為控制某性狀的等位基因具有兩種不同的表現形式，一種為顯性，另一種為隱性。在個體內，控制某種性狀的等位基因成對存在，而在形成配子時，這兩個等位基因會互相分離到配子中，這個推論被後人稱為孟德爾第一定律。

3. **自由分配律**：指個體在形成配子時，控制不同性狀的等位基因不會互相干擾影響，而是各自隨機分配進入配子中。例如有株高莖紫花（TtRr）豌豆，控制高矮莖的等位基因為 T 與 t，而控制花色的等位基因為 R 與 r，則這株豌豆在形成配子時，可能產生 TR、Tr、tR、tr 等四種配子。這項原則稱為孟德爾第二遺傳定律，不過隨著科學進步，科學家發現配子形成時基因的分配，並不一定遵守這項定律。遺傳學其實相當複雜。

延伸思考

1. 查查看，除了孟德爾之外，歷史上還有哪些科學家從事遺傳研究？他們以什麼生物為材料？又有什麼研究成果呢？

2. 試著上網購買不同品系的豌豆（例如：清芳豌豆、大莢豌豆、甜豌豆……等），並種植看看，觀察它們的特徵有什麼不同？

3. 若以今日的科學發現回顧孟德爾的遺傳法則，有哪些部分是正確的？又有哪些部分需要修改呢？請比對一下。

4. 上網搜尋「DNA 粗萃取」的方法，並請試著在家裡操作看看，是否能成功得到 DNA 呢？獲得的物質長什麼樣子？

生理期的煩惱

生理期是女孩需面對的煩惱，卻也是男孩該理解的重要事！
關於生理期有著許多的流言與禁忌，
就讓小志醫師一一破解，讓你輕鬆面對生理期。

撰文／劉育志

「小志醫師，我們明天要去水上樂園玩他！」威豪的臉上寫滿了興奮。

「那裡的滑水道有七層樓高！」

「還有大海嘯！」

同學們七嘴八舌的說著，每個人都迫不及待、躍躍欲試，只有雯琪坐在一旁默不作聲，神情落寞。

「你不一塊兒去玩嗎？」我問。

雯琪搖搖頭說：「我剛好遇到生理期，沒辦法去。」

「什麼是生理期？」一旁的文謙問。

「就是流血啦！」威豪立刻回答。

「是受傷嗎？為什麼會流血？」文謙一臉困惑，顯然對女生的生理期並不了解。

「不是受傷啦！是因為……因為……」平時伶牙俐齒的威豪頓時語塞。

「生理期也就是月經，是因為子宮內膜脫落而發生的出血。」我說。

「子宮內膜是什麼？」

「你們在課本上應該都學過，男生和女生身體裡的器官有所不同，因為女生長大後要懷孕生子，孕育小寶寶的地方就叫子宮，而子宮內膜，是覆蓋於子宮腔壁薄薄的一層組織，能讓受精卵著床發育，漸漸長大為嬰兒。」我一邊在紙上畫圖一邊說明：「為了幫小寶寶準備好發育的地方，女生有固定的生殖週期，子宮內膜會定期增生變厚，如果沒有懷孕，則會剝落並出血排出體外。所以女性每個月會歷經出血，也就是『月經』。一般而言，我們將月經來臨的那一天視為週期的開始，經血大多會持續 5～7 天。當

子宮內膜脫落完畢，會再度進入增厚的階段，為下一次受孕做準備。孕育小寶寶的卵則來自卵巢，會在卵巢裡的濾泡內逐漸成熟，大約在週期的第 14 天左右釋出，而且每個月通常只會排出一顆卵。」

「如果同時排出兩顆卵，就可能成為雙胞胎。」莉芸說。

「是的。」我說：「不過你們應該有注意到，有些雙胞胎長得一模一樣，有些卻長得沒那麼像。」威豪用力的點點頭。

「這是因為雙胞胎有兩種，一種是由兩顆卵分別受精後各自形成胎兒，稱為『異卵雙胞胎』；另一種是一顆受精卵在分裂過程中變成兩顆，然後發育成兩個胎兒，稱為『同卵雙胞胎』。『異卵雙胞胎』的基因不同，

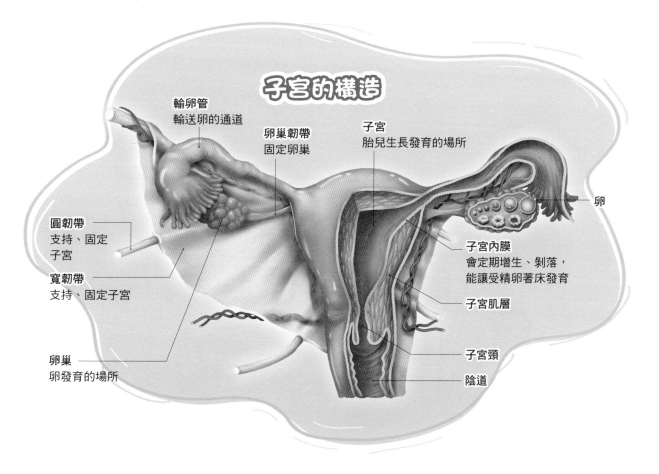

子宮的構造

輪卵管
輸送卵的通道

卵巢韌帶
固定卵巢

子宮
胎兒生長發育的場所

卵

圓韌帶
支持、固定子宮

寬韌帶
支持、固定子宮

子宮內膜
會定期增生、剝落，能讓受精卵著床發育

子宮肌層

子宮頸

卵巢
卵發育的場所

陰道

所以長相、性別、血型也不盡相同，至於『同卵雙胞胎』則擁有一模一樣的基因，外表常會非常相似，讓人難以辨識。」

「喔，原來如此！」

「那你們知道精子和卵會在哪相遇嗎？」我接著問。

「在子宮？」有同學猜。

我微微一笑，說：「卵從卵巢排出後，只有不到 24 小時的時間可以受精，這時卵往往是在輸卵管內，所以大多數受精卵是在輸卵管裡形成，之後才傳送到子宮裡著床發育。只不過，有些時候受精卵會迷路。」

「迷路？」莉芸露出不解的表情。

「如果受精卵沒有順利進到子宮，而在輸卵管、腹腔或其他地方著床，稱為『子宮外孕』，意思是在子宮以外的地方懷孕了，這是相當麻煩的狀況。」

「會怎麼樣嗎？」

「人體內只有彈性十足的子宮這個器官，適合容納持續成長的胎兒。如果受精卵著床在輸卵管裡，當胎兒漸漸長大，細細長長的輸卵管空間不足，也不具有足夠的彈性，所以會被撐破，導致內出血，危及生命。」我解釋：「所以準備孕育下一代的女性，發現月經停止且驗出懷孕時，要盡快就醫，確認胚胎是不是順利著床在子宮內。」

大家似乎都聽懂了，於是我接著說：「如果卵沒有受精或著床，子宮內膜就會崩落出

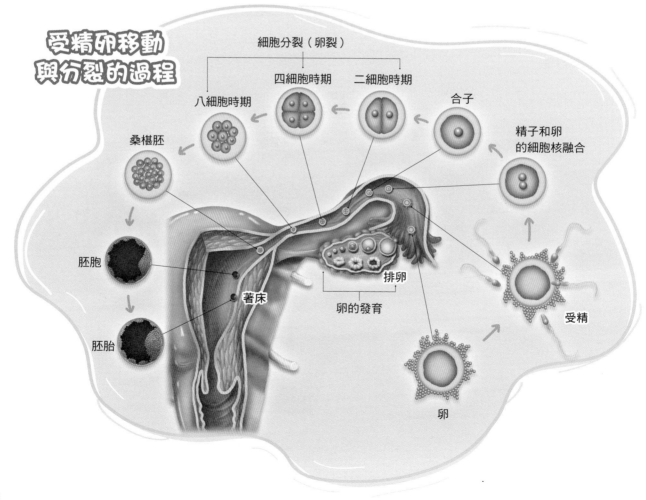

受精卵移動與分裂的過程

細胞分裂（卵裂）

四細胞時期　二細胞時期

八細胞時期　　　　　　　　　合子

桑椹胚

精子和卵的細胞核融合

胚胞

著床

排卵

卵的發育

受精

胚胎

卵

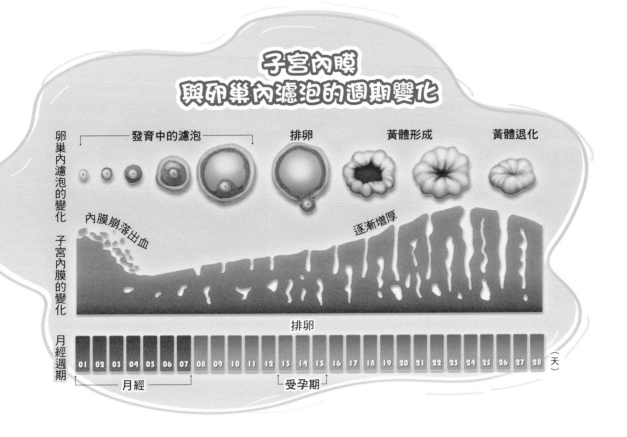

子宮內膜
與卵巢內濾泡的週期變化

卵巢內濾泡的變化

發育中的濾泡　　排卵　　黃體形成　　黃體退化

子宮內膜的變化

內膜崩落出血　　　　　　　　　　逐漸增厚

排卵

月經週期

| 01 | 02 | 03 | 04 | 05 | 06 | 07 | 08 | 09 | 10 | 11 | 12 | 13 | 14 | 15 | 16 | 17 | 18 | 19 | 20 | 21 | 22 | 23 | 24 | 25 | 26 | 27 | 28 | （天）|

月經　　　　　　　　受孕期

血，開始下一個週期。每一位女性月經週期的長度不盡相同，從 25 ～ 35 天都可能。」

「女生每個月都流血，難道不會影響身體嗎？」文謙問。

「每次月經大約會流失 30 ～ 40 毫升的血液，對身體不會造成太大的影響。就像我們每兩、三個月可以捐血 250 毫升一樣，身體本來就會持續製造新的血液，淘汰老舊血液。」

威豪忍不住插嘴：「我聽奶奶說，吃紅棗、紅糖和黑糯米能夠補血，真的嗎？」

「身體製造血液需要很多種原料，最重要的是均衡充足的營養，五花八門的補藥祕方不見得有效，也不一定必要。」我笑著說：「許多人對月經都懵懵懂懂，也習慣道聽塗說。然而女性的月經週期從青春期開始，會

持續到 45 ～ 55 歲，對女性來說非常重要，男生也有媽媽、姊妹等重要的家人，未來還會有太太、女兒，所以大家一定要好好認識它。如果有疑問務必諮詢醫師的意見，尤其是超過 15 歲還沒有月經、經期小於 21 天或超過 35 天、經期變得不規則、出血超過 7 天、血量超過 80 毫升等狀況，一定要盡快就醫檢查。」

經痛怎麼辦？

「小志醫師，其實我感到最困擾的問題是經痛，每次生理期都會痛好幾天，還會噁心、拉肚子，甚至痛到冒冷汗，幾乎什麼事都不能做。」莉芸皺著眉頭說。

「有些經痛屬於原發性，也就是子宮平滑肌收縮帶來的痛，有些經痛則與子宮內膜異

位、子宮肌瘤有關。年輕女孩的經痛大多屬於原發性經痛，不過如果經痛太過嚴重，應該找醫師協助。目前有多種藥物能改善經痛的狀況，不需要一忍再忍，讓生活及情緒受到干擾。」

「吃冰會導致經痛嗎？」雯琪相當關心。

「你覺得會嗎？」我反問她。

雯琪聳聳肩說：「我覺得沒什麼差，不過我媽都會禁止我吃冰，連冰水都不准喝。」

「根據生理學、解剖學知識推斷，就曉得吃冰和經痛並沒有相關。冰塊、冰水經過口腔、食道，進到胃時早就融化成水，雖然會帶走一些熱量，不過我們的體溫並不會出現太大的波動。冰水有可能刺激和食道緊鄰的氣管，使人咳嗽，但對於位在骨盆腔底部的子宮，完全沒有影響。」

「可是大家都這樣講耶！」威豪不解。

「有許多觀念是源自於過去人們的推測與猜想，並沒有經過系統化的檢驗。在缺乏解剖、生理、病理等知識的年代，大家對於人體有很多想像。」我解釋：「例如，你們曉不曉得，胎兒的性別是由什麼決定？」

「我知道！」文謙立刻搶答：「帶有 Y 染色體的精子與卵結合會成為男生，帶有 X 染色體的精子與卵結合會成為女生。」

「是的，所以胎兒的性別在精子和卵結合的那一刻便已經決定了。不過古時候人們還

不曉得染色體這回事，對胎兒性別曾提出很有趣的看法。」

巫術還是醫術？

「《備急千金要方》是西元七世紀孫思邈完成的醫書，一千多年來，他一直被奉為權威，直到今天，仍有許多人對他的藥方深信不疑。當時認為懷孕三個月時，胎兒的性別尚未定型，會隨著孕婦接觸的東西而改變，因此孫思邈建議孕婦想要生男孩就要拿弓箭，想生女孩就接觸珠寶飾品。」我繼續說：「甚至還教人家『轉女為男法』，試圖改變胎兒的性別。」

「啥？改變性別？」

「孫思邈說，想生男孩就拿一兩雄黃（主要成分是四硫化四砷）裝進紅袋子裡帶在身上；想生女孩就改裝雌黃（主要成分是三硫

化二砷）；或者拿一支斧頭偷藏在孕婦床底下，刀刃向下，便能將胎兒變成男生。」

威豪噗哧一聲笑出來：「哪有這種事！」

瞧大家聽得津津有味，我補充說：「遇到難產時，古代醫師會拿百草霜，也就是灶裡積存的碳粒，搭配童子尿和醋讓產婦喝。醫書上還信心滿滿的寫著喝下立即見效。」

雯琪說：「聽起來好像巫術喔！」

「沒錯，世界各地的文明都擁有許多歷史悠久的治療方式，其實幾乎都可說是巫術。根據這些記載，可看出古人對於人體的認知充滿了誤會和想像，由此衍生出來的藥方肯定不能貿然相信。畢竟在經過系統化的驗證之前，誰也不曉得那些藥方有沒有實際功效。」我看向威豪說：「當你發現他們對懷孕生理的認知錯誤百出時，還相信他們能對經痛提出正確的治療嗎？」

「說得有道理。」

我繼續說：「治療疾病絕不能靠感覺，而是要提出令人信服、經得起檢驗的證據。」

同學們紛紛點頭。

「好啦，差不多該下課了。」我看看時鐘說：「大家去玩水，一定要注意安全喔！」

當然，我沒忘記雯琪的煩惱。月經來潮時若沒有不舒服，想下水游泳的話，其實可以使用衛生棉條。置放於陰道內的衛生棉條能夠吸收經血，不用擔心外漏。有人擔心會傷害處女膜，但其實處女膜本來就有開口，只要學會置放方式，也能安全使用。不過，使用棉條時一定要勤於更換，才不會因為金黃色葡萄球菌大量孳生，而導致中毒性休克症候群。使用衛生棉也一樣，必須定時更換，保持衛生。

有了這些知識，相信同學們未來能更輕鬆的面對生理期，不再愁眉苦臉！

作者簡介

劉育志　筆名「小志志」，是外科醫師，也是網路宅男，目前為專職作家。對於人性、心理、歷史和科學充滿好奇。

生理期的煩惱

國中生物教師　江家豪

主題導覽

「那個來、身體不乾淨、大姨媽……」傳統上，對於女性月經充滿各種隱晦和歧視的說法，但其實月經不過是人類生殖週期中必然出現的生理現象。為了繁衍後代這等大事，女性不僅得忍受經血帶來的各種不便，還得被迫接受周旁異樣眼光和歧見，未免太過不公平！今日，透過生理機制的了解，才能真正破解這些錯誤的偏見與迷思，用更正確的心態來看待月經這件事，也才能同理女性的辛苦。

〈生理期的煩惱〉說明了月經的形成原因和規律的週期變化。閱讀完文章後，可利用「挑戰閱讀王」來檢測自己對文章的理解程度；「延伸知識」中補充了避孕方式、懷孕週期的簡單介紹，可幫助你更深入理解這篇文章的內容！

關鍵字短文

〈生理期的煩惱〉文章中提到許多重要的字詞，試著列出幾個你認為最重要的關鍵字，並以一小段文字，將這些關鍵字全部串連起來。例如：

關鍵字：1. 青春期　2. 子宮內膜　3. 排卵　4. 月經　5. 週期

短文：女性進入青春期後，身體開始為了懷孕做準備，因此子宮內膜每個月都會增厚，卵巢也開始排卵。倘若排出的卵子未能受精著床，增厚的子宮內膜會在一段時間後崩落，造成出血的情形。這樣的生理現象大約每個月都會出現一次，因此稱為「月經」。月經週期一般從月經來臨的第一天開始計算，大約為期 25～35 天不等。

關鍵字：1.＿＿＿＿　2.＿＿＿＿　3.＿＿＿＿　4.＿＿＿＿　5.＿＿＿＿

短文：＿＿＿＿＿＿＿＿＿＿＿＿＿＿＿＿＿＿＿＿＿＿＿＿＿＿＿＿＿＿＿

＿＿＿＿＿＿＿＿＿＿＿＿＿＿＿＿＿＿＿＿＿＿＿＿＿＿＿＿＿＿＿＿＿＿＿

＿＿＿＿＿＿＿＿＿＿＿＿＿＿＿＿＿＿＿＿＿＿＿＿＿＿＿＿＿＿＿＿＿＿＿

＿＿＿＿＿＿＿＿＿＿＿＿＿＿＿＿＿＿＿＿＿＿＿＿＿＿＿＿＿＿＿＿＿＿＿

挑戰閱讀王

閱讀完〈生理期的煩惱〉後，請你一起來挑戰以下題組。

答對就能得到👍，奪得 10 個以上，閱讀王就是你！加油！

☆生理期是女生青春期後出現的第二性徵之一，請根據文章中對生理期的描述，回
答下列問題：

（　）1.生理期間排出的經血，應是下列何種物質？（答對可得到 1 個👍哦！）

①未受精的卵　②卵巢發炎的分泌物

③剝落的子宮內膜　④子宮分泌的雌性激素

（　）2.下列關於月經的描述，何者正確？（答對可得到 1 個👍哦！）

①每次大約會流失 250 毫升的血液

②間隔週期約 25 ～ 35 天

③男女生都會有月經的現象

④女生從出生後就開始有月經

（　）3.45 歲的正雄是家裡的男主人，某天他在廁所的垃圾桶裡看見使用過的衛生
棉，請問最有可能的狀況是，他的哪一位親人生理期來臨？（答對可得到
2 個👍哦！）

①讀幼稚園的小女兒　②懷著第三胎的太太

③ 75 歲的媽媽　④就讀國中的女兒

（　）4.規律的生理週期是為了受孕做準備，有關人類生殖過程的描述，下列何者
正確？（答對可得到 1 個👍哦！）

①正常情況下一次只排出一顆卵

②正常情況下精卵在子宮結合

③正常情況下受精卵會在卵巢中發育

④正常情況下卵子會由陰道移向子宮

☆傳統上對於女性生理期有著許多錯誤的觀念與迷思，請根據文章中敘述的內容來
回答下列問題：

（　　）5.下列對於生理期的的描述，何者正確？（答對可得到 1 個👍哦！）

① 經血是汙穢的，因此生理期間應盡量避免接觸人群

② 月經會帶來厄運，因此接觸過經血的物品不應請他人處理

③ 月經有時會帶來身心上的不適，應多休息，並減少勞累的工作

④ 月經是一種疾病，應該服藥避免月經出現

（　　）6.經痛是許多女生的噩夢，下列關於經痛的描述，何者正確？（答對可得到 1 個👍哦！）

① 經痛是正常現象，忍一忍就過了

② 經痛只要吃大量巧克力就能緩解

③ 經痛是每次月經來時都一定會有的感受

④ 喝冰水並不會導致經痛

☆為什麼有月經？哺乳動物的生殖方式都頗類似，也都有子宮內膜增厚的現象，但目前記錄到具有月經現象的，僅有人類、黑猩猩、蝙蝠及鼩鼱等少數動物。為什麼其他哺乳動物沒有月經呢？因為月經一直是個比較隱晦的議題，過去科學家也不甚了解子宮內膜每個月剝落的目的，所以一直沒有解答。然而，科學家根據對經血的分析與人類演化過程的交互比較，有以下推論：人類是哺乳動物中少數沒有明顯發情期的物種，受孕需透過頻繁的性交過程來達成，而這個過程可能會帶入許多病原菌，並導致內生殖器的感染，因此一旦未受孕，就會透過子宮內膜的剝落來「清潔」子宮。這個論點從發現經血不會凝固，且裡頭含有許多免疫細胞的分析，獲得一部分的支持。請根據上述短文回答下列問題：

（　　）7.根據目前研究紀錄，下列哪一種動物和人類一樣有月經的現象？（答對可得到 1 個👍哦！）

① 蝙蝠　② 企鵝　③ 兔子　④ 山羊

（　　）8.下列關於「經血」的相關描述，何者錯誤？（答對可得到 2 個👍哦！）

① 經血中有許多免疫細胞　② 經血由女性的尿道流出

③ 經血是剝落的子宮內膜　④ 經血具有清潔子宮的功能

延伸知識

1. **避孕方式**：有許多種，有些是避免排出精卵，例如：避孕藥、結紮等；有些是阻止精卵相遇，例如：使用保險套、計算安全期等；還有些是干擾受精卵的著床，例如：特定避孕藥、體內避孕器等。每種避孕方式的成功率及對身體的影響程度都不盡相同，應慎選避孕方式才能兼顧家庭計畫與身心健康。

2. **懷孕週期**：受精卵著床後會逐漸分裂與發育，之後形成胎盤和臍帶，藉以讓胎兒和母體交換養分、氧氣等物質。一般懷孕週期約 38 ～ 40 週左右，早於 38 週稱為早產。正常孕婦在懷孕達到 38 週後，子宮可能開始規律收縮並引起疼痛，稱為陣痛。隨著陣痛加劇且變得頻繁，陰道也開始擴張，最後胎兒會由陰道產出，這稱為分娩。

3. **安全期**：利用月經週期的規律來避孕的一種方法。一般排卵日是在月經來臨前 14 天，再計入可能的誤差與精蟲存活的天數，可得到一段懷孕的高風險期，扣掉這段期間的其他天數，懷孕機率相對較低，稱為安全期，主要落在月經前後幾天。然而月經週期因人而異，未必完全規律，因此以安全期來避孕仍有懷孕的可能，並非最好的選擇。

延伸思考

1. 試著詢問家中長輩，如祖父母，他們是否知道為什麼會有月經？對月經又有什麼禁忌或民俗說法呢？

2. 訪問祖母輩以上的女性，在沒有衛生棉的時代，她們是如何處理月經的？

3. 試著向家中女性長輩借用一片衛生棉，並了解衛生棉如何使用。它吸收經血的原理是什麼？用過的衛生棉又該如何處理呢？

4. 查查看為什麼月經會被稱為「大姨媽」、「好朋友」呢？除了這些說法，還有其他形容方式嗎？

解答

用耳朵看世界──蝙蝠
1.④ 2.② 3.③ 4.④ 5.① 6.② 7.③ 8.① 9.③

沒有硬殼的海龜──革龜
1.② 2.③ 3.③ 4.① 5.④ 6.② 7.① 8.② 9.③ 10.③ 11.④

七手八腳的建築師──蜘蛛
1.④ 2.② 3.③ 4.② 5.① 6.③ 7.④ 8.④ 9.③

飄洋過海的「垃圾訊息」
1.② 2.③ 3.② 4.④ 5.③ 6.② 7.③ 8.③ 9.③ 10.②

找回翱翔的老鷹
1.② 2.① 3.③ 4.④ 5.③ 6.④ 7.① 8.④ 9.②

遺傳學之父──孟德爾
1.② 2.② 3.③ 4.③ 5.② 6.④ 7.② 8.③ 9.③

生理期的煩惱
1.③ 2.② 3.④ 4.① 5.③ 6.④ 7.① 8.②

科學少年學習誌
科學閱讀素養◆生物篇 7

編著／科學少年編輯部
封面設計暨美術編輯／趙璦
責任編輯／科學少年編輯部、姚芳慈（特約）
特約行銷企劃／張家綺
科學少年總編輯／陳雅茜

封面圖源／Shutterstock

發行人／王榮文
出版發行／遠流出版事業股份有限公司
地址／臺北市中山北路一段 11 號 13 樓
電話／02-2571-0297　傳真／02-2571-0197
郵撥／0189456-1
遠流博識網／www.ylib.com　電子信箱／ylib@ylib.com
ISBN ／ 978-957-32-9763-5
2023 年 4 月 1 日初版

定價・新臺幣 200 元

國家圖書館出版品預行編目

科學少年學習誌：科學閱讀素養, 生物篇7/
科學少年編輯部編著. -- 初版. -- 臺北市：遠流
出版事業股份有限公司, 2023.04
　面；21×28公分 .
ISBN 978-957-32-9763-5（平裝）
1.科學 2.青少年讀物
308　　　　　　　　　　111014162

★本書為《科學閱讀素養生物篇：革龜，沒有硬殼的海龜》更新改版，部分內容重複。